後半輩子最想住的家

先做先贏！40歲開始規畫，
50歲開心打造，好房子讓你笑著住到老

暢銷人氣版

林黛羚——著

原點

CONTENTS

Ch1 越住越年輕！打造安心減齡的家

Ch2 後半輩子最想住的家

前言／

40歲準備後半輩子的家，50歲打造剛剛好！

如果問我，這本書想寫給的對象是誰呢？對象其實再明確不過了！是鎖定在三十八到五十五歲、以「預計透過搬家或第二次翻修，創造住到老的家」的屋主。若要再更進一步聚焦，還包括「預計接長輩來住或住附近」、「僅與伴侶同住或獨居」及「想過簡單安全的老後生活」的人。

以台灣而言，屋主與房子之間的關係，通常分為兩個階段，第一個階段通常是小家庭形式，地點選定在學區或工作範圍附近、住上十五到二十年。隨著家庭成員增減或需求變化，屋主約在四十到六十歲之間，通常會在居住上有所變動，有的選擇搬家、有的則是進行第二次翻修。

高齡化國家如日本，人們有四十歲就開始規畫中老年生活的共識。而台灣人天性較樂觀，我常聽到的是「**到時候再說！**」、「**現在還很健康、不要想些有的沒的！**」這是因國人常把老年跟失能劃上等號，提到老後的家，直接聯想到的就是做扶手、做斜坡、無障礙，這是十分粗糙的既定概念。

從中年轉到老年，可分為**初老**、**中老及老老**三階段。

而佔比最長的初老（通常落在六十五到八十歲左右，且有增長的趨勢），如果好好的規畫，可能將會是人生最活躍最精華的一個片段。這個時期的住家，是**實現夢想的墊**

場地提供＿松下營造 UD 夢想家

場地提供＿松下營造 UD 夢想家

腳石，也是塑型出老後生活的模具。

第一步先思考，住哪裡？跟誰住？

後半輩子的居所，在購屋或裝修之前，首先要確定的是：自己住、還是跟別人住？這問題最好及早決定，以便在空間上儘早規畫、及早適應。

比我們早二十年邁向高齡化的日本、大阪門真市醫師會，曾對一千名在地六十歲患者做問卷，發現獨居者的生活滿意度為73.5分、超過與人同居者的68.3分，部分獨居者甚至有慢性病或退化症狀。獨居者的滿意度較高，主要原因是「不必配合家人要求、也不會讓家人感到困擾」。

一旦家人之間溝通出現問題，冷戰、鬧彆扭，凝滯的氣氛就會降低生活滿意度。**能夠把自己照顧的好好的，不必看人臉色、聽家人碎唸，何嘗不是一種幸福？**因此，在人人注重自主及自由的社會共識之下，一個人住、或者與伴侶或同齡親友同住，這種一到二人的居住型式，很可能會是將來的趨勢。

以下整理出後半輩子的家，居住人數與坪數的適當配置：

⦿ 一至兩人同住：

獨居或與伴侶、同齡親友或親子共住。獨居以一房一廳即可，伴侶則適合兩房一廳，可作為偶爾分房睡的彈性調配。同齡親友或兒女，在隱私上或空間領域上僅公共空間重疊，則建議選擇二加一房，在空間上能更自由運用。

⦿ 三人以上同住：

只要牽涉到世代關係，例如有媳婦或女婿，則空間規畫盡量朝向**兩個家庭**的思考模式去想。

例如，三房兩廳的三代同堂，最好規畫出一大一小的廚房，最大的房間中甚至可規畫小客廳。或者一棟三層樓透天，一樓有老人家的客廳，讓大小家庭都有喘息的空間、二樓也要有兒女自己家庭的客廳，讓直系姻親有自己的小空間。除非感情好到不得了、也很有默契，否則，二世代或三世代的家庭若

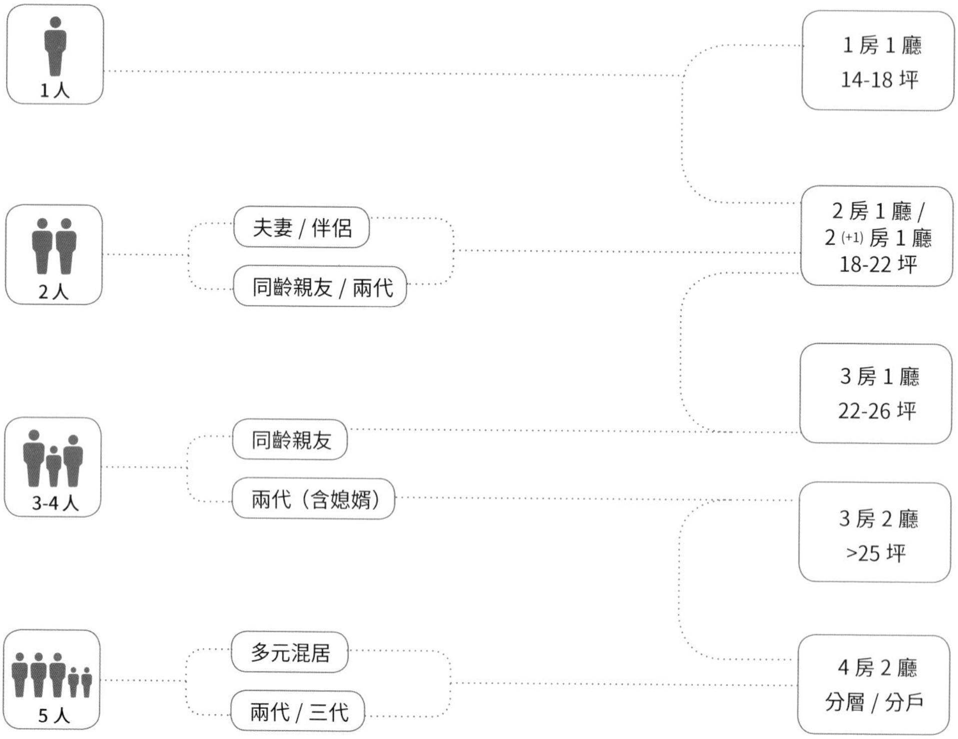

註：1. 上述屋型均需有陽台。2. 上述坪數均為實際坪數（不含公設）。

一定要住得近，還是建議分層、分戶為佳，寧可住隔壁或附近，也不要住一起。

成員及空間需求確認後，再規畫後半輩子的家。如此一來，這樣的家，不但能守護，也能夠激發居住者對生活的熱情，同時更提供了身心上的舒適感。而這就是我在這本書想探討強調的……如果能夠把老後的家設計到位，那麼，越老越幸福、越老越獨立自主，不會再是遙不可及的夢想！

圖片提供__聿和空間整合設計

Ch1

越住越年輕！打造安心減齡的家

Part 01

不要「等老了再說」，40～60歲是住的關鍵準備期！

圖片提供＿寬 空間設計美學

以心理社會發展八階段理論著稱的艾瑞克森（Eric H. Erickson）提到，當人類到第八階段老年期面臨的危機，在於是否感受到足夠的「自我完整性（ego integrity）」。

感到「自我完整性高」的人，對於過去的選擇與生活，感到滿足或幸福。未來面對老病死時，較可以用坦然的心態面對。但感到「自我完整性低」者，則對過去感到厭惡、失望，在未來面對老病死的時候，易感到無助與恐懼。

要滿足自我完整性，其中有一個要素跟住家息息相關：心安的生活。

如果動線不順、雜物囤積、陰暗悶滯，甚至讓人不想待在家裡、只想往外走。未來，會更沒有能力處理，甚至築起高牆，說服自己這樣就很好，長期下來，環境影響心境，「自我完整性」越來越低、對一切就越來越敵視冷漠，造成惡性循環。

建議從現在開始，逐一審視家中的問題，一步一步慢慢來，時間久了就可以翻轉凝滯堵塞的家。

01 高齡住家≠100% 無障礙的家

零壓力改造！局部修整就很好用

圖片提供 _ 寬空間設計美學

如同只要提到客廳就想到沙發、提到和室就想到榻榻米。我發現一件很有趣的現象，只要問到高齡、養老住宅是什麼？大家最快聯想到的就是無障礙設計。

當然，如果能夠完全做到百分之百，那的確是一件很棒的事情！尤其是自地自建、獨棟別墅改造、大型建案規畫等，要做到無障礙，還算蠻容易達成的。但是實際上，有許多都市中住宅，受限於建築物條件、社區規範等，無法達成室內外無障礙，這又該怎麼辦呢？

住在台中潭子、目前四十五歲的凱西（化名），她家是位在一棟中古公寓中的二樓。凱西七十多歲的母親，原本一直都住在大坑近郊老家，被診斷為輕度失智。「之前我媽在住家附近迷路兩次的紀錄，所幸很快都被社區鄰居發現，我請里長暫時每天接送母親到關懷據點看著。」凱西是朝九晚九的上班族，回到家通常都八點之後，只有週末能夠回大坑陪媽媽。兩個哥哥長期在國外工作，也暫時無法回台灣支援。

凱西的老公，是個孝順的女婿，鼓勵凱西接母親來家裡住，願意一同分攤照顧岳母的工作。但凱西一直耿耿於懷住家條件，深怕母親搬來這邊適應不良，「我們家根本不是無障礙空間啊！這樣我媽來這裡住是不是很危險？她有辦法住嗎？」她口氣沉沉的問我，「我家是二樓、又是沒有電梯的公寓。浴室不但很窄小、又跟走廊差了一階，走道也不夠寬啊！」不知為什麼的，她已經預設失智老人就只能住在無障礙空間，但內心又不忍把母親送到安養院，矛盾的心境讓自己無端陷入兩難。

失智、行動退化需求不同

「請問令堂目前行動自如嗎？可以在沒有他人攙扶的狀況下行走嗎？」看她這麼在乎無障礙空間，我一開始還以為老人家行走不便，可能需要助行器或輪椅輔助。

「她腳力很好啊！我週末回家都會帶她去附近步道走走，有時候我累了，她還想繼續走呢！」凱西補充說，「自從有點輕度失智之後，我媽還會忘記我們一早就走過，睡完午覺又要求要去走重複的路線。」

「那老家有改造成無障礙空間了嗎？例如地板都一樣高，室內都沒有高低差？」我再次確認。

「唔……沒有耶，我媽一直住在二樓的臥室，自從父親過世後，我跟哥哥們都希望她把臥室改到一樓比較安全，但她都不肯。她最近常抱怨，每次經過一樓客廳，都有人想找她挑釁吵架，所以只想睡二樓。我們才發現她有時候會盯著客廳的大鏡子，皺眉頭、表情很嚴肅，可能是醫生說的幻覺吧！」凱西用布把鏡子蓋起來，媽媽隔天又會把布拿下來。

「嗯……聽起來，令堂目前其實行動自如啊！」經過多次的詢問與確認，我反問，「為什麼您會這麼在乎一定要做無障礙呢？」

凱西眼睛一亮、好像茅塞頓開似的，「對喔！明明她現在上下樓梯什麼的都沒問題！我幹嘛糾結一定要現在做到呢？」連自己都覺得不對頭，「啊！母親每次來我家時，常嫌公寓樓梯比較陡、廁所又要跨一大階吧！每次來每次嫌，不過也沒有比較吃力的徵兆啊！可能當時又看到高齡化就要做無障礙，無形中自己把兩件事情串

1 某些特定空間，無障礙動線是較容易達成的。例如走道與房間或廁所的相接處，只要在建造時，以斜坡或排水溝槽取代門檻處理即可。

2 在現有條件下，要達成室內零高差有其難度，只要高度控制得宜，就可以變成可坐可臥的彈性空間。

1

2 場地提供＿松下營造 UD 夢想家

起來了！」

經過討論，我提議凱西反而要留意的是失智伴隨的幻覺，若要接母親來住，要將會反射的家具（如玻璃置物櫃、擺在家門旁的大面穿衣鏡）加以處理或換掉。玻璃窗要加裝白紗窗簾、避免看到反射影像，牆壁上用來加大空間視覺感的褐色玻璃牆，也建議先暫時貼上壁紙或霧面貼膜，降低幻視的可能性。

化障礙為輔助

當然，局部的無障礙輔助設施也是要做的。母親覺得浴室地板太高，在不大動格局的前提之下，最好在浴室門口兩側加裝穩固的扶手提供抓握，一旦裝上，全家人都會感受到它的好用。唯一建議務必要拆掉的，是通往廚房的門檻，這種要高不高、要低不低，**介於5~20公分的高差，最容易讓人不留意就絆倒**。

「那和室要拆掉嗎？讓地板統一高度，才能達到無障礙空間吧？」凱西拉開和室門，和室臨客廳與走道的兩側，可以把拉門拉到全開。我量了一下和室地板高度，45公分，剛好是一般座椅的高度，「你們和室有定期當客房用，就保留吧！這高度不會絆倒，還剛好可以坐下聊天。**不要為了無障礙而無障礙**。」

至於一樓走到二樓的樓梯，萬一將來真的爬不動了，也可以和鄰居商討，是否加裝樓梯升降椅。看是要做到二樓就好、還是每層樓都做，大家一起分攤費用、一同維護。

透過這個例子，希望大家不要被無障礙、全室零高差的想法制約住，否則易受挫於屋況限制、最後什麼都做不成。即使只是裝一道扶手，也是踏出無障礙規畫的第一步！依照家人或自己真正的需求，彈性設計，才能創造良好的居住感。

過於陡峭的樓梯，建議還是要加裝樓梯升降椅，減低年老後膝蓋的負擔。

• 無障礙三個思考 •

1 哪些無障礙設計是現在必須要做到的？

2 哪些是目前非必須、但最好預留的？

3 住家屋況有哪些限制、如何取得平衡點？

• 無障礙三個觀念 •

1 無法化解的高低差，就要讓它變得明顯。

2 就算有障礙，也可以透過輔助大幅降低難度。

3 低量化、局部改造，關鍵無障礙並非遙不可及的目標。

02

熟年住得好，中年就得開始起跑

別讓他人替你決定住哪裡？怎麼住！

圖片提供 _ 寬 空間設計美學

根據台灣高齡化政策暨產業發展協會統計，台灣平均餘命不斷增加，現今已有六成人口可以活到八十歲以上，這之中又有百分之二十五的人可活到九十歲。隨著醫療的進步，將來成為百歲人瑞的機率是很高的！面對「長命百歲」的可能性，更應該好好構築這長壽人生的住宅。

趁現在我們有體力、健康的時候，分階段整理家中囤積的雜物，整頓各種跟居家有關的不良習慣。趁現在觀察自己的生活模式，以便為自己量身訂做後半輩子的家。趁現在我們有工作、收入穩定的時候，開始存房子的定期保養維修費用、改造翻修費用。

迷思！兒女的家就是我家？

不同於日本深入探討高齡議題，台灣普遍的民族性都是避談「老」，因此思考居住問題時，總是以解決現況為主，而不會去想到三十年後的狀況。

關於老後的居所，在未經深思與規畫的狀況之下，最常見就是老年人球現象。這樣的情形最常發生在喪偶之後獨居長輩的身上。成年子女分月或是分週，輪流接應父母到家中暫住，這方法看似解決了照料長輩的需求，但其實卻衍生不少狀況，其一是這樣的生活模式，讓為數不少的媳婦或女婿，在老人家居住的期間，容易感到不自在、壓力；其二，則在妯娌之間也會互相比較，「為什麼住我這要住一個月、某某家就少住一週」等，把長輩久住視為一種懲罰與威脅。

但最大的問題，是長輩在這過程中，要不斷面對變動的環境，身心無法安頓，生活品質反而直直落。

原本住桃園的鄭媽媽（化名），育有三子一女，十年前老伴走後，開始了流浪的生活。從六十五歲開始，每兩個月輪流到四個兒女家住，這樣的默契也實行了五年。但去年二兒子投資失利、開始拖延母親來住的時間。就算接了、也找理由提早送到弟弟家。為還債，媳婦也要兼差加班，並未按時幫鄭媽媽料理吃的。好在其他子女會多塞零用金、讓鄭媽媽自行外食。二兒子跟媳婦若回來，也明示暗示鄭媽媽家產趕快分一分、好幫忙還債。

每次去都扯到債務、被擺臉色，鄭媽媽開始哭嚷著不想去。但長媳跟三媳婦也不願意增加天數。最後是么女看不下去，決定接收二哥擺爛的月份，直到二哥債務還清再說。

老年輪住，空間不熟悉藏危機

從鄭媽媽的角度來看，空間的輪住，對她也是很有挑戰性的。她每個月都要重新適應住的地方。老大住電梯大樓、老二住舊公寓、老三住連棟透天、女兒住社區型住宅電梯大樓。格局型式截然不同，白天清醒的時候，動線看得很清楚，到客廳、廚房都不是問題，晚上就不一樣了。

「那次是剛從老大搬到老三那住的第二天晚上。睡到一半想上廁所、模模糊糊的，以為自己還在老大家。結果我走錯方向，走廊暗暗的、我往樓梯走，結果就踩空跌倒了，腳踝骨折……」自從那次之後，只要天氣潮溼、低氣壓，鄭媽媽的右腳踝都特別酸。

隨著身體逐漸年老退化、行動遲緩，**老年人會越來越渴望定點居住**。若心理建設不夠強健，「老人輪住」對照顧者、被照顧者而言，都有可能成為沉重的負擔。

「我最喜歡住么女家，有電梯、社區又有很大的中庭，有樹、有太陽，還可以跟其他老人

> 與其「輪住」我更鼓勵在老之前就要有固定的居所，及早習慣動線及設備的使用，安全又安心。

家聊天。」閒聊當下，我跟鄭媽媽就坐在中庭旁的長椅，還有不少長輩是坐在輪椅上由看護推出來的。

「還是女兒貼心啊，」年過七旬的鄭媽媽，思緒依然清晰、觀察力敏銳，她悠悠的對我說，「從棉被的氣味就知道了！只有來女兒這邊，她幫我準備的棉被才有『陽光的味道』。她會在我來之前，把棉被拿出來晒，棉被鬆鬆軟軟、被套跟枕頭套有洗衣精的香味。其他兒子家的棉被，都是我走了就收進衣櫥、我來了就直接拿出來用。棉被硬了、潮了，他們也不知道。但我能說嗎？我敢嫌嗎？等一下被說故意製造嫌隙。人家願意讓我住就不錯了！」老人家表面上不明說，其實都看在眼裡、感受在心裡。但又能怎樣？一切都已經來不及了……

鄭媽媽遺憾的是，在老公過世、其公司退休金止付後，湧現了強烈的不安全感，再加上看到房子又觸景傷情，於是不顧兒女反對、就把兩人共度半甲子的房子賣掉，以換一筆生活費用。「反正住兒女家就好了。」當初的一廂情願，以為兒女的家就是自己的家，真正住了才發現沒想像中的那麼簡單。

一次改好，兩代都可以用

只要提到家族故事，我相信家家都很精采。從生前輪流照顧、到往生後家族之間的互動，親友之間都看在眼

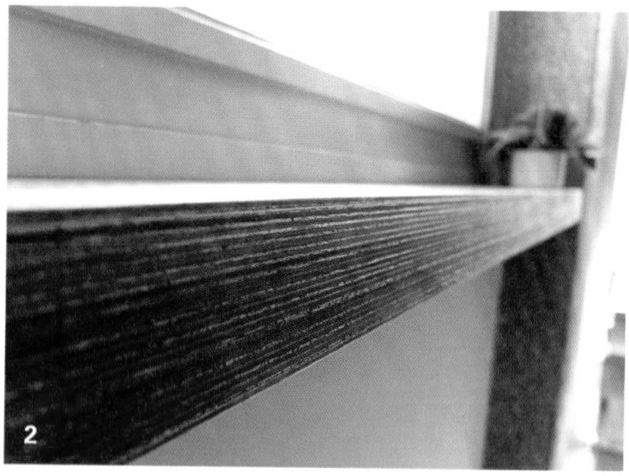

1 老人是待在家裡及社區內最長時間的成員，一個優質社區應提供老人們聚會、交流的場所。

2 沿著行走動線設置既可置物又可攙扶的短平台，無明確的「扶手」定位，較不會引起老人反感。

裡、感受在心裡，不是嗎？

一位和父母同住的讀者曾反映，他真心為父母未來的舒適空間設想，遇到的狀況卻是：「想把自宅改造成局部無障礙，但父母強烈反對。」

老人家通常有自己的堅持，即使行動不便，仍表明自己不需要輔具，但該名讀者已觀察到長輩行動不如以往輕快，膝蓋退化、骨質疏鬆等老化症狀，讓身體更難保持輕盈。看著七十多歲的爸媽爬樓梯、進出廁所搖搖晃晃的模樣，常讓他捏把冷汗。

最常出現的狀況就是，跟父母提議翻修、安裝輔具，即使是兒女主動表明出錢，不少父母也會以「那是以後的事！」「我們好手好腳的、才不會這麼沒用！」「浪費錢！」「不要小看我！」等理由，阻撓兒女的翻修提案。

「這是為了你好」容易讓老人家反彈，也許換個說法，「我也想在這個家住到老。現在順便改一改、裝一裝，我遲早也會用到。」「**一次做好，兩代人都可以用，**根本一舉數得！」類似這樣，**讓父母覺得「這樣做有利於兒女」，他們通常比較容易接受**。

但這種不服老的逞強，不太會出現在我家。

我爸媽身為醫護相關人員、又親自照顧過外公外婆直到最後，很清楚身體老化就是老化了，跟服不服老一點關係也沒有。在翻修一樓時，一併做好房間、整平走廊上的門檻，也不排斥未來在樓梯加裝升降椅的可能性。

有這樣的心態，不必我們建議，他們自己就會想得很仔細，平日也會透過血壓跟檢驗等數據留意自己的身體狀況、並且保持運動、參加小旅行等活動，他們的謹慎與重視養生，就是我的福氣。

住家選擇三個觀念

1 問題空間改為通用空間，一次做好、兩代受用。

2 老化是正常，應積極準備、而非羞於啟齒。

3 現在不面對，將來無力處理，易造成他人負擔。

住家選擇三個思考

1 確認自己的生活偏好，喜歡獨立自主還是以兒女為重？

2 觀察目前居住的屋況，有哪些需調整、以便住到老後？

3 哪些需要預留、哪些可以隱藏施做？

03 老後的家≠長照的家

越住越年輕，打造滿足個人志趣的家！

圖片提供＿聿和空間整合設計

激發活力與玩心、越住越年輕才是好宅

人的行為，是內心與環境相互作用的結果。好的環境會讓心情朝正面作用，進而影響人的行為更加積極有活力。著有《長壽從住宅建造開始》一書的東大工學博士林玉子女士曾提到，規畫晚年生活的住宅，應該超越單純的飲食、睡覺、居住等機能，**更重要的條件是，從住宅中獲得朝氣蓬勃的精力！**

專門研究老人照護的職能治療師，台北市職能治療師公會柯宏勳理事長，很強調運用 PEOP* 的概念於住家的重要性。從瞭解當事人（Person）的特質、經驗與生活習慣開始，搭配現有環境的物理與文化條件（Enviornment），再透過職能治療（Ocupation）的理念設計出對當事人活動課程，進而引導當事人、做出對生心理健康有益的行為（Performance）。

做喜愛的事，找到復原力

在柯宏勳理事長主持的長照機構中，有位依賴輪椅的阿媽，儘管醫師診斷她的雙腳肌力尚可，她仍長期抱怨雙腳無力、站不起來，也沒有練習及復健的慾望，甚至也逐漸放棄雙臂肌力練習。

有次，柯理事長舉辦家常菜烹調活動，阿媽的拿手家常菜是韭菜煎蛋，工作人員現場已把韭菜切好、蛋打好，阿媽只要負責煎炒即可。一開始阿媽坐在輪椅上，手持好久沒拿的鍋鏟、顯得有點生疏，由於活動鍋具放置在桌上有個高度，阿媽坐在輪椅上，一開始手舉高高的翻炒著，隨著鍋具溫度升高，開始散發出蛋與韭菜的香味，阿媽似乎被喚醒似的，越來越專注……

1 塑造一個充滿個人志趣的家，融入到每天會用到的空間中，就能激發對生活的熱情。（攝於台東張宅，林志堅建築師設計）

2 植栽直接擺在頂樓地上，搬運不便、修剪時也要久蹲，容易造成腰椎傷害。

接著，阿媽竟然緩緩從輪椅上站起來，完全不需要靠人攙扶！她雙腳微微彎曲站立著，一隻手撐著桌面、一隻手拿著鍋鏟翻動著煎蛋，直到蛋與韭菜煎熟。現場所有照護人員都感動地看著這一幕。事實證明她其實是有能力站久一點、有潛力復健的！

有時候一個人最難突破的，不是生理上的限制，而是心理上的。有些人有時放任自己身體衰退、增加家人更多的關愛與同情，進而也在不知不覺放棄了生活的自主性。

阿媽甚至沒有意識到自己原有的執念已被悄悄打破，而是眼神發亮地跟大家討論著熟度、炒法。直到照護人員提醒阿媽，她已經久站快三分鐘了，阿媽自己也既驚又喜，沒想到自己雙腳還能站，有趣的是，一旦意識到這個狀況，她又立刻坐下了。

這位阿媽的例子讓我很感動，透過在空間中增添的元素，即使只是一丁點，若能跟興趣或所長搭上線，都有可能再度點燃熱情、激發活力。

替自己的家找到心動源頭，越住越年輕

剛滿五十歲的瑩瑩（化名），是一位單身獨居的女性，非常喜愛園藝。她承租了一間板橋的老公寓，陽台女兒牆上擺滿花草、欄杆上掛著大大小小的苔球，老公寓頂樓，也有她的小花園。種植花草是她的精神寄託，每天上班前、下班後，至少都要花一小時維護花草。「只要默默欣賞著這些綠葉新芽，一整天的疲憊都消失了。」

可惜好景不常，老房東因病過世，房東兒子打算把她租了近二十年的房子轉賣。「我跟老房東簽的租約還有半年，房東兒子再給我一年時間，我得在十八個月內安頓好我的新家。」

為求穩定的生活，評估了自己的存款跟財務規畫後，瑩瑩決定接下來以買代租，日前在新

莊下訂一間新成屋，作為自己後半輩子的家。她說：「一年半載要找到交通方便、價格又負擔得起的，大概就只有它了。」

她唯一覺得無奈的是，新家的陽台不但小、而且還是位在三樓的家，極有可能會被旁邊大樓擋住陽光，「整年都不會有陽光照進來，只有弱弱的漫射光，這陽台頂多就洗曬衣服跟放置冷氣主機的功能了，根本不用想能不能種植物。」

「你能體會嗎?有些植物我已經種了快十年了，現在要把它送人，以後也不能再拈花惹草。就像養了十多年的寵物，突然不能養一樣，心裡面少了一塊肉了。」看她講著眼睛紅了，我趕緊回問她買的是什麼房型?她回答：「是三房一廳，其中一間房間太小，應該會取消隔間，實質上是兩房一廳。」

「有哪個房間可能曬得到太陽嗎?」我表面鎮定的問瑩瑩，但其實內心蠻緊張的，因為如果都沒有的話，我也不知道怎麼安慰她了。

「客廳有一大面窗戶應該曬得到太陽，不過沒有陽台。」

後來我親自到現場看，還好，雖然西面的廚房陽台被鄰棟大樓遮住了、但南面還有機會照到陽光。南面是客廳，有整片的固定窗（留一小面外推窗）。窗外有建築物大樑遮住，但至少沒有大樓遮著，某些角度應該還是可以照得到。

「你介意在室內靠窗處種種看嗎?」我問。

「我沒試過耶，真的可以嗎?!」瑩瑩精神為之一振。

「試試看啊！當然你不能再種以前在陽台跟頂樓的植物，選擇更耐陰又好照顧的植物，像是黃金葛、彩虹竹蕉、波斯頓蕨、虎尾蘭等。如果你種的多、又有層次，可以考慮依照客廳窗戶寬度，選三到四個深度約35～40公分的花盆。這樣才能夠種些中型的植栽，照顧起來也比較方便。」

讓興趣成為養分，而不是傷害

我們討論著，我注意到她有穿束腰帶，以為是工作傷害。

「這個護腰嗎？說來尷尬，這應該是我常蹲著修剪植物的關係吧！」瑩瑩說：「自從房東允許我使用頂樓，植物越來越多，我每天要蹲著修剪、彎腰掃落葉、移動盆栽，久了出現腰痛症狀，戴了護腰會覺得比較舒服。」

瑩瑩以拈花惹草當做心靈的療癒，卻也讓腰付出代價。

「那你要不要從蹲著改成坐著啊？」我建議。「看似簡單的蹲低，長時間下來也是會造成傷害的。現在妳還年輕，扭到腰容易康復。等你到七、八十歲、伴隨身體老化，可承擔不起一而再、再而三的腰傷！輕則躺床幾天、重則可能要坐輪椅喔！」

討論完，原本愁眉苦臉的瑩瑩，現在臉部線條柔和不少。現在她知道，不必再因搬家而捨棄種植花草的習慣，另外也可以透過訂做與桌面同高的盆栽架，坐著就可以修剪花草，享受優雅無痛的蒔花弄草的樂趣。

「我一直想做進階苔球植栽、甚至開設小班教學，但苦無空間，也許這個與工作桌等高的盆栽架，預留一個桌面，就可以滿足我的創作與教學需求！」看瑩瑩一改對新家的意興闌珊，

• 居家 & 興趣三個思考

1 有什麼居家興趣及偏好，是你希望能持續擁有的？

2 哪些興趣偏好甚至可以成為終生副業、讓你有收入的？

3 如何透過興趣與專長，持續與社會保持交流？

• 居家 & 興趣三個觀念

1 即使是熱衷的興趣，還是要以不造成身體負擔為前提。

2 透過空間規畫，塑造發揮專長與興趣的場域。

3 若有家人同住，興趣場域可與公空間區隔，以免干擾。

坐著捻花惹草，愜意不傷腰

平常我們工作桌面約 65 ～ 75 公分，高度依照個人身高調整。但如果是擺放花盆、進行修剪及澆水的動作，則建議把桌面 + 花盆高度控制在 70 ～ 75 公分之間，讓花盆與桌面同高。

例如：花盆 30 公分高，那花盆下方的置物架則高 40 ～ 45 公分，日後維護的時候就像在工作桌上勞作一樣，只要坐著就可以修剪，不必再一直彎腰。」

註＊：在職能治療領域，常會提到 PEOP 或 PEO，為人、環境、職能之間的互動，而產生的行為表現。Person（人）、Environment（環境）、Occupation（職能）、Performance（行為表現）。

現在精神抖擻起來！期待她搬家後順利裝修出理想的綠手指空間、甚至可以創造一番新事業。

晚年不等於失能、高齡不等於長照。住家的設計，不該只停留在失能照護、或者輔助的角色而已。英國前首相邱吉爾曾說，「**我們建造房子，然後房子塑造我們。**」塑造一個讓自己感到愉悅、滿足個人志趣的家，激起自己的玩心或童心，甚至創造終身副業！

04

並不是所有房子都有能力陪你到老

家的保存期限，體質再檢視！

圖片提供＿聿和空間整合設計

老屋只要改造就可以再住嗎？如果依照這個想法，是不是所有的建築物，只要不停地改造補強，就可以住上兩、三百年沒問題呢？當然並非如此。

也許是我比較保守、膽小，我並不認為所有的房子都有能力被改造、都有能力繼續保護居住者。

有些是建築物體質本身很糟，即使是補強也不樂觀。有些則是四周環境污染，已經不再適合居住。若無力大動者，只能建議他們搬家、或者放棄續住的念頭。若有疑慮，一定要找結構技師或土木技師等專業人員來取樣確認，千萬不要因小失大。

認清真相，家也會壞掉也會老！

每個人對家都會有情感、會有不捨。但房子跟我們一樣會老，骨質疏鬆、器官退化，以前沒問題，不代表以後不會有問題。曾經一位阿公還很自信的跟兒女們說：「我在這邊住五十年了，你們當初都是小毛頭呢！我比你們更了解這房子！不會有問題的！」

除了老屋外，結構成分有問題的老公寓、海砂屋、輻射屋、爐渣屋，不論屋齡，都有疑慮。尤以海砂屋，根據統計光是台北市，在信義、士林及內湖，有被登記列管的就超過兩千戶，若加上尚未列管的則接近五千戶。

然而，並不是所有海砂屋屋主都有危機意識。與兩個小孩同住在內湖老公寓的單親爸阿森（化名），看上汐止山區一棟獨棟老房子。「那邊視野好，屋主急著要賣，價格低於行情。我想把獨棟老房子改成綠住宅，帶老二搬到這裡住。內湖市區的房子給老大，大學畢業之後他自己住這間。」在下訂金之前，阿森找我到現場討論改造方向。

這棟老房子外觀看起來還好，就是一間早期造型的獨棟別莊，磁磚剝落、陽台歪斜，這些都是有辦法請專業人士處理的。

但當我抬頭往上看，不覺頭皮發麻……天花板及樑的粉刷層毫不客氣的整片剝落，處處是外露鏽蝕的鋼筋，越靠近山壁就越嚴重。「這是海砂屋吧？」我問。不意外的，仲介不置可否，阿森則回答說：「是啊！不過前屋主開價很低。有這種視野，真的很超值！」阿森似乎不覺得這有什麼大不了。

我指著外露鋼筋，「外露的主筋及箍筋應該都已鏽透了，」手往樑上鋼筋一摸，果然，指尖立刻沾滿深褐色的氧化鐵粉，「這可能不只是表面的鏽斑，這已經是徹底的生鏽了。」

我問阿森，「你真的要買這間房子嗎？」阿森納悶，「嗯？妳不覺得這房子很有潛力做綠住宅嗎？通風、採光又好。雖然後面有點潮溼，但只要在後面作個通風塔、天井，不就解決了嗎？」

「所以你其實是打算只住個兩、三年，改造出實驗性綠建築嗎？」

「……並不是，我是打算住到老的。至少也要住個三十年吧！」

聽到阿森這樣打算，我下巴都快掉下來了！「嗯……阿森你知道，海砂屋通常在完工六至十年內就開始有狀況，結構會弱化。」牛牽到北京還是牛，海砂屋改成綠建築依舊是海砂屋！

從一九八〇至一九八六年之間，是海砂屋大量興建的時期。依照仲介提供的資訊，這間房子是在一九八五年蓋好的，屋齡已經是三十多歲，假設阿森還要再住個三十年，這等於是住到海砂屋六十多歲。海砂屋的老化速度是一般鋼筋混凝土的八至十倍，六十歲的海砂屋，體質就像四百八十歲至六百歲的鋼筋混凝土，還能住人嗎？

「海砂屋是不可逆的，只能減緩惡化、不能停止惡化或改良。這房子之所以賣

1 山區濕氣重、日夜溫差大，欲接手老房子長住前，需找專業人士進行評估、補強，必要時重建為佳、方可安心養老。

2 切勿貪便宜接手屋況嚴重受損、結構惡化的建物，以免因小失大。

得便宜，是因為它已經出現問題了，再住一兩年也許勉強可以，但是住三十年根本玩命，說不定十年後政府就會要求你強制搬出。」我嚴肅的提醒阿森。

「可是……前屋主說，安啦，他住了三十多年都沒事耶！」阿森在說這句話的時候，頓時發現此話的矛盾處，我們不約而同的噗哧笑出來。房子年輕的時候當然都沒事啊，房子是越老問題越多啊！更何況是海砂屋。

在我的建議下，阿森到建築師公會調資料、請教建築師……看到資料後，阿森打消買屋念頭。「美景好 view 固然可以帶來心靈上的療癒，但若房子本身是危險的，我可不想住在危樓裡面，整天擔心受怕。」連基本的安全都無法顧好、卻只要便宜房價、優美環境的話，不但是捨本逐末，而且是先甘後苦、日後要付出的代價是很大的！

・住老宅的三個思考・

1 目前所住的家，屋齡幾年？是否有定期保養？

2 建築物本身體質是否良好？是否有保留建商保證書及相關文件？

3 如果屋齡已高、周遭環境差，是否找專業人士評估討論？補強、拆除或搬家？

・住老宅的三個觀念・

1 情感因素不是你選擇住危老屋的理由，除非有同歸於盡、剩半條命的打算。

2 三十年以上老公寓，應檢視一樓是否有結構弱化情事、並請專家進行結構檢查。

3 寧可慢慢找、多方請教專業、蒐集資料，也不要貪便宜貪快買危老屋。

住宅的保存期限？

台灣建築結構，是以加強磚造、鋼筋混凝土（RC）、鋼骨鋼筋混凝土（SRC）、鋼骨（SC）等四種結構為主。由於台灣位於地震帶上，以上這些建築物都需達到基本的耐震規格。九二一大地震後，又於 2003 年、2006 年陸續調整法規，若施工詳實、完全依照法規走，越後期的建築物的抗震力是相對較強的。

即便結構（骨骼）的部分安全無虞，但包覆保護結構的混凝土（肉），卻會因地震而產生裂縫。一直以來，我們的住家面臨各種形式的氣候挑戰，台灣又是潮溼多雨、溫濕度差異大的氣候，雨水、冰雹、霰以不同角度滲入裂縫、接觸到裡面的鋼筋或鋼骨，久了造成鏽蝕、降低建築物的強度。

如果打算在住上至少一個世代、甚至住到老死，堅固安全的房子是最基本的。不要省了一時、苦了一世。

05 預留「孝親」空間，需兼顧心理感受

讓自己安心？還是父母開心！

圖片提供＿聿和空間整合設計

長輩雖然體力退化，但尊嚴與安全感並沒減少，想接老人家來住的兒女，需留意長輩心理上在乎的點。

因為擔心爸媽身體而就近照顧，兒女當然會有壓力。**有時過度的擔心，會表現在強勢或過激的言行上**。若處理不慎，反而容易讓長輩反彈抗拒挫敗、甚至自我放棄。

無心的語言暴力諸如：「不要自己去拿、很危險，你要什麼？我幫你去拿？」「你不要吃這個，太硬牙齦會受傷（或者太軟容易哽到），你只能吃流質食物。」「我還沒回來之前，不准跟看護出門。」「不能打電話、不可以把電話留給親戚。外面詐騙這麼多，誰曉得你會不會又被騙錢？！」

無暇多想的空間配置，有時甚至變得粗暴。讓長輩產生被遺棄或輕忽的感受、甚至寧可回鄉下老家獨自生活。因此，自在舒服地分開住，其實是勝過委屈求全的孝親房。

只是安身，沒能安心的長輩房

其中一例是台南的小鄭一家。位於台南市重劃區新蓋的連棟透天，共有一到四層樓，新型透天的縱深較早期短，每層僅能配置前後兩房。

兒子小鄭（化名）有感於母親過世後，有糖尿病的父親一個人住新化老家，三餐自己隨便弄隨便吃、又不按時搭配降血糖藥，半年內就因兩次急性併發症送醫。身為長子的小鄭，與其他弟妹們商量後，決定要把父親接來市區住。

臥房都配置在三、四樓沒有多空間再裝電梯，兒子擔心父親爬樓梯容易摔倒，只好緊急在

1 廚房餐廳是一個展現自主權的空間，和父母共住，要特別注意規畫。

2 連棟透天常見的形式，車子停在一樓前段、後段則安排樓梯、房間（或廚房餐廳），但近年透天縱深越來越短，已不適合再安排居住空間。(圖片提供 _ 聶志高老師)

3 明亮通風，行走動線開闊的臥室，無論在安全或心情上，對長輩來說都很重要。(圖片提供 _ 寬 空間設計美學)

一樓車庫後方隔出一木造房間。

房間短短兩週就搞定，內部裝潢算精緻，但這房中房的開窗卻都開在室內，窗戶一個朝前車庫、一個朝後方樓梯口，樓梯口側邊還有一道高聳鞋櫃。鄭爸看了房間之後感嘆「好像管理員室。」在兒女們的半哄半脅迫下，還是勉強搬入。

一樓前段依舊是車庫，倒車時汽車排放的廢氣、殘留在地上的車油，都散發陣陣異味，即使把朝車庫的窗子關起來、擺了空氣清淨機，還是隱約聞得到油煙味。「我明明還可以自己照顧自己，偏偏叫我來住這。明明可以爬樓梯，只是走比較慢而已，兒子偏偏不讓我住樓上。前有臭油味、後有臭鞋味，我又不是地下停車場的守衛，聞這些廢氣，我會活比較久嗎？！」鄭爸說。

住慣鄉下三合院、習慣了新鮮空氣的的鄭爸，半年不到，就一直嚷著要回家，已經好幾次叫計程車來載，搞到後來小鄭只好跟車行說，只要是鄭爸的來電就想辦法推托。

我收到小鄭的來信到現場評估，「為什麼不把鄭爸的房間直接與後面這扇對外窗相接？這樣鄭爸房間才能通風吧！」小鄭指著房間與窗戶之間的鞋櫃解釋，「新家剛完工時，我們整棟都有做裝潢，這鞋櫃是我們一樓唯一的櫃子，放全家鞋子、雨具跟我的電鑽維修工具的，因為是特別找系統櫃廠商訂做，花不少錢。增加孝親房的時候，沒想太多，直接避開櫃子，就變成房中房。」

「拆掉鞋櫃吧！鞋櫃改到其他家人入住的二樓入口，除了鄭爸之外，你們改在二樓換鞋就好。」我說，「令尊若住一樓，就要讓他的房間有對外窗。車庫與孝親房之間做一道完整的隔間牆，之間裝設氣密式拉門以供通行。徹底隔開車庫與孝親

房，避免車子的排氣滲透到鄭爸房間。」除了有真正的對外窗外，我建議還要加裝窗型換氣機、或於天花板安裝省電靜音換氣扇。

「剛過來的時候，你們隔壁社區就是電梯大樓了。有空房可以租嗎？」我問，「你們可以幫鄭爸租一間啊！電梯很方便，而且不必住一樓，空氣比較好、採光又好。」

「這……沒想過耶，通常不是住在一起比較好嗎？」小鄭認真思考可能性。

近距離，也是一種「住在一起」！

有時我們不知不覺會陷入「大家都這樣」，所以「這樣比那樣好」的泥沼，其實不一定的。

「可是公公吃飯怎麼辦？」小鄭老婆解釋說，「當初把爸爸接來，就是要督促他定時吃飯的。有時他心情不好，都不到二樓來吃，老公只好用分隔餐盤送到一樓給他。如果他住到另外一棟，不就更難讓他定期吃飯了嗎？」

為了讓鄭爸三餐按時吃飯，小鄭或太太在上班出門前，一定會準備兩份不同菜色的便當給鄭爸，一個當早餐、一個當中餐，晚餐等夫妻倆下班後，再與鄭爸一起吃。

「如果爸爸住那間大樓，更不可能願意過來吃吧！」

「誰說一定要在這邊吃呢？你們可租兩房一廳，只要有廚房跟冰箱就好。早餐看要在那邊做、還是送餐過去，晚餐集中到鄭爸那邊吃飯。反正從你們家走到那裏也才一兩分鐘，這樣就不會有不願意一起吃飯的問題。**分開住，他有尊嚴有自由。一起到他住的地方吃晚餐，他不會感覺低人一等，也有被陪伴關愛的感覺。**」大樓住宅還有個好處，別間住戶的老人家會到庭院曬太陽，鄭爸有年齡相仿的人可以聊天。

事隔半年、很高興接到小鄭來電，「我們把選擇權交給老爸。看他要跟我們住、還是住附近，他毫不猶豫的說要住外面，好像真的很想擺脫管理員室。」小鄭苦笑，「房租一萬七，三兄弟分攤，妹妹給爸零用金，搞定。」我問鄭爸現在過得開心嗎？「還不錯！交到年紀差不多的棋友，很喜歡泡在中庭下棋，這是在老家遇不到的。」小鄭還提到，鄭爸會幫忙準備晚餐了，「他現在的責任是先把白飯煮好，我們過去只要準備菜色跟湯就好。」這樣有點交集又不會太黏的互動，連小鄭自己都覺得輕鬆許多。

至於孝親房，小鄭沒打算拆、也暫時沒有改造的計畫。「拆了，爸可能心理會不安，以為我們不要他了。留著，他知道他可以有兩個選擇，隨時都可以回來跟我們住。」小鄭細心的分析著，「雖然不希望，但我們也要有備無患。有突發狀況、需要二十四小時就近照顧，還是住一樓比較方便。」

讓自己安心，還是讓父母開心？

長輩共住的三個思考

1. 空間如何改善，可以讓長輩感到友善貼心？
2. 是否有嗜好相投、年齡相仿的同儕，可讓長輩感到親切、不孤單？
3. 兄弟姊妹之間，出錢、出力、出時間、出空間，如何協調支援？

長輩共住的三個觀念

1. 接父母來住之前，需先做好心理調適。
2. 善用各式資源、支援體系，有效分攤自身壓力。
3. 幫長輩創造舒適的居住環境，也是在幫自己。

我建議小鄭，若有時間，還是要儘快把孝親房的採光跟換氣問題解決。這房間看似只為鄭爸而設，且暫時沒有使用到，萬一岳父岳母臨時需要，或者家人受傷行動不便，一樓的房間就會顯現出它的重要性。「**我們為長輩做的，就是在幫自己做。**」我告訴小鄭。

除非長輩像上述的鄭爸一樣，無法規律照顧自己。不然在地老化（aging in place）對能夠獨立自主的父母而言，是最佳的選項。

接父母來住，到底是要讓自己放心，還是要讓父母開心？兒女多少會擔心自己不在身邊，父母可能會有不便、孤寂等。但沒有人喜歡被強制照顧或強制軟禁，有安全沒有尊嚴，更是難以接受。

結論，與其等到要接長輩來住，才急著規畫如何裝修。倒不如從現在開始自問，當父母年老需要照顧時，你要如何安排？如果希望住在一起，那接下來的裝修、或者未來的房子，就要先把父母的房間規畫進來。以父母的角度設身處地想，才能達到真正貼心的照顧。

Part 02

簡單生活，是居家「防弱措施」的第一步

圖片提供__聿和空間整合設計

在談無障礙動線之前，先把堆在走道的鞋盒、擋在房門外的故障電扇移走吧。

在談空調效率、節約能源之前，先把散落四處、擋住冷氣流通路徑的衣服堆清除吧。

在安裝火災監控器之前，先把角落打結的延長線解開、順著踢腳板加以固定吧。

先有「簡單生活」，才有「安全安心」的家，透過簡單生活的居家思考模式，我們可快速訂出近程目標，奠定基礎，讓安全又安心的家不再遙不可及！

01

「反正收起來也會忘」，就給需要的人吧！

丟不掉嗎？試試《什麼東西不見了？》檢測法！

圖片提供＿寬空間設計美學

景氣的演變，會帶動人與物質的關係，從一九四〇年代的窮困貧乏、一九六〇年經濟起飛、一九九〇年台灣錢淹腳目……接著在二〇〇〇年之後到現在，台灣景氣開始衰退。

經濟越好，大家就越敢買，不過心態成為很大的關鍵。台灣的老一輩居民，因為窮苦過，對於好不容易得來的物品，都有捨不得丟的、便宜就要買回家的通病。這樣的習慣，常不知不覺得就影響到下一代。

從原本空空的房子↓任意購物消費↓東西爆滿↓捨不得丟，最後家裡就越來越滿、讓家深陷在雜物堆中。

我的老家有兩個烘碗機，每個烘碗機裡，大約有二十至三十人份的筷子、湯杓，以及大量的碗盤，但算算家裡的人，即便是過年大家團聚一起吃飯，頂多十一至十四人左右，根本用不到這麼多筷子。而這些餐具之所以會這麼多，是從舅舅家、外公家及自己家中拿來挪去，慢慢累積集中而成。

和許多家庭一樣，我媽幾乎是把烘碗機當成餐具櫃，不只是烘碗機裡是滿的，就連餐櫃裡仍有大量的碗盤。看著烘碗機裡緊繃的筷架，邊緣已經出現裂痕，每次洗完碗盤，這些陳年餐具就跟著一起烘乾。

於是我決定來做一個記憶實驗，這個實驗，我把它取名為《什麼東西不見了？》

我收掉了一半以上的筷子、湯匙跟叉子，讓塑膠筷架變得鬆散有空間，要拿要放不必使用蠻力。原本塞在烘碗機四邊的大湯匙、叉子等，也被我收到剩下五個。

當晚我媽並沒有察覺。一天兩天過去了，我終於忍不住開口問：「你不覺得烘碗機變得比較宧（台語，音同ㄌㄤ，鬆的意思。）嗎？」

若希望家中的物件不要過度氾濫，可以透過真實需求來估算數量並進行採購。（圖片提供：奈麗 Nelly）

當下，母親腦中警鈴響起，馬上問我：「是有比較闊比較㝗（ㄌㄤ），妳是不是把什麼東西丟了？」

「沒有啊！暫時收起來而已啦！」我隨便給個說法，想看他的反應。

「趕快放回來！」母親馬上交代。

「好，那考考妳，有哪些東西不見呢？」我想測試他的記憶。

只見可愛的老媽左思右想，翻了翻烘碗機的內容物，等了大半天就是說不出個所以然，過了一會，竟然為之惱羞，大聲的說：「趕快把東西放回來啦！那些東西還要用。」

說歸說，老媽隔天就忘記了，後來我就自己作主把這些餐具，一口氣全都捐到收容安置機構，做為街友圍爐或聚會時的臨時餐具。

像這樣的測試，可以對自己或家人進行實驗，很快就可知道，那些被收起來的物品，對當事人是否有用，真的具有意義，是不會被擺在家裡堆積塵封的。

《什麼東西不見了？》自我測試步驟

減物生活好方法 Step by Step：

Step1. 準備紙箱、並選定欲整理的區塊（小至抽屜、大至一個房間）

Step2. 裝入閒置物品

Step3. 把箱子中的物品記到腦海中，並用膠帶封箱，寫上封箱日期及開箱日期（1～2 年後），開箱日期可記到手機中或行事曆

Step4. 到期之前，若完全不需用到箱子裡的物品、也不記得箱子裡面的東西是什麼，可直接送出、回收

這個實驗可以與家人一起試、也可以自己執行。開箱時，若只記得 30% 以下的物品，並且發現自己在這段時間內，根本都沒使用到這些東西，就代表這些東西不存在也不會造成任何不便，可考慮整箱送出。

記得某次演講，一位聽眾告訴我：「先前也做過這樣的事，半年之後，我就忘光光了，後來我連箱子都沒拆，就整箱丟回收了！」見他這麼乾脆也蠻讓我驚訝的，問哪來的決心？他很爽快的回答：「我怕一打開箱子，又把整箱留下來了，家裡已經很小了，不希望佔空間，眼睛一閉、心一橫，就讓它去吧！」

說實在的，自己裝箱放個一兩年，之後若不拆箱還能細數箱中物，應該都算是奇葩了。

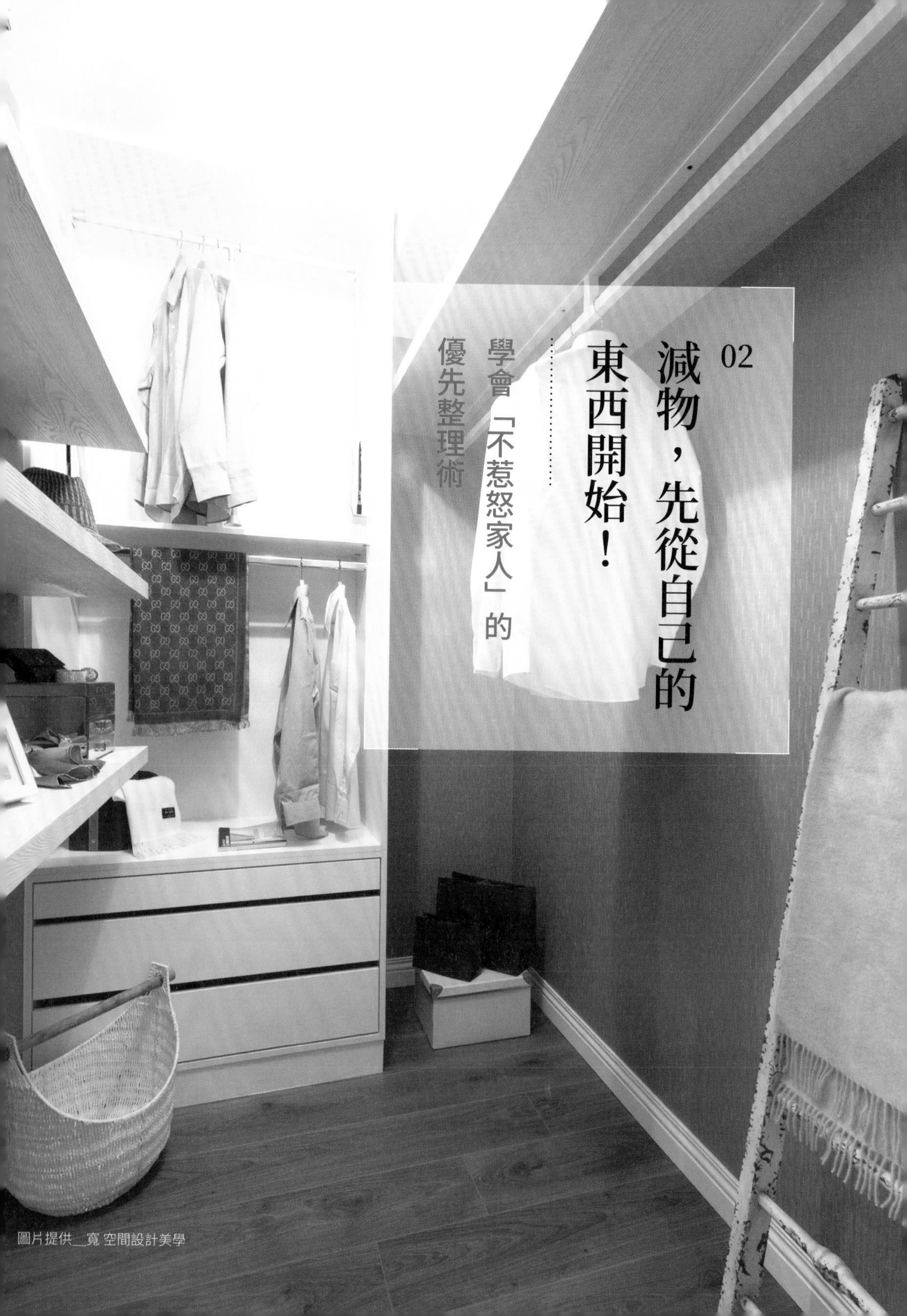

02 減物，先從自己的東西開始！

學會「不惹怒家人」的優先整理術

圖片提供＿寬 空間設計美學

當你決心減物時，請記得，**先從自己的地盤開始整理**，而不是從別人的。

「阿羚，我聽完妳的演講之後，回家就開始整理東西，可是家人都生氣了，阻止我繼續……」

「怎麼會呢？整理是件好事啊，為什麼要阻止？！」

「我就開始丟女兒的娃娃啊，她長大了，那些娃娃、公仔也沒在玩，就放在床頭，我先從她房間開始整理，就全丟了，結果她很生氣，先生也不開心。」

我聽了大吃一驚，「當然要從自己的地盤開始整理啊！怎麼會先整理別人房間呢？」劈頭就先丟別人的東西，其實是不敢面對自己，而先從他人下手。強勢處理他人物品容易造成衝突，不論是兒女還是長輩，除非對方有囤積症狀，已經影響到其他家人、並需外人協助，否則再怎麼樣、都只能先從自己的房間起頭。

即便是從自己的房間開始整理，還是會有夫妻之間物件歸屬的問題。建議若是老婆要進行減物，則只能先從自己的衣物開始，老公的衣物如要整理，也須經過對方同意才能進行。若真的忍不住想替先生做點初步處理，老婆唯一可以做的，就是將衣櫃中的物件分為兩個區塊，一區給自己，先生的衣物則集中在另一區。

房間整理完之後，接下來則是在公共空間進行減物。公共空間通常指客廳、餐廳這兩區，家人佔用在公共空間的物品，請他們（或幫他們）放回自己房間，並約法三章「**私人物品不得佔用公共空間**」，這會歷經一段反抗期或陣痛期，但因為不是擅自把家人東西丟掉，只是放回他們的房間，故通常也不會帶來太大反抗。

1 先從自己的臥室整理起，先從自己的物件下手。

2 初步整理時，可以先將家人與自己的東西分區擺放，雖然不能動手幫他人丟棄，但至少可以讓物件井然有序。

等到公共空間能夠達到無私人用品、公共物品該清的也都清光了（例如已經五年沒碰的 Wii 遊戲機、N年前百貨公司週年慶送的茶具組），接下來就是持續而穩定的維持這樣的狀態。

至於家人的房間，不要碰，不論是兒女或長輩的房間都一樣，他們看到公共空間這麼舒服，有可能會受到影響、動念整理自己的房間。但很多時候，是沒有改變的意願的。只要不影響到其他人的話，就不應該干涉到他人的私領域。

上述方式，通常都是家中的主事者，才有權跟有時間對客餐廳進行減物，如果權力沒這麼大，則整理好自己的房間即可。至少在可控制範圍，能輕鬆過上簡單又井然有序的生活。

「不惹怒家人」的優先整理流程！

先從自己的房間開始整理、而非處理別人的房間，接著再往公共空間整理，規範家人保持公共空間清爽、不要有私人物品佔位。做到上述兩項即可，至於家人的房間，就由他們自行決定是否整理。

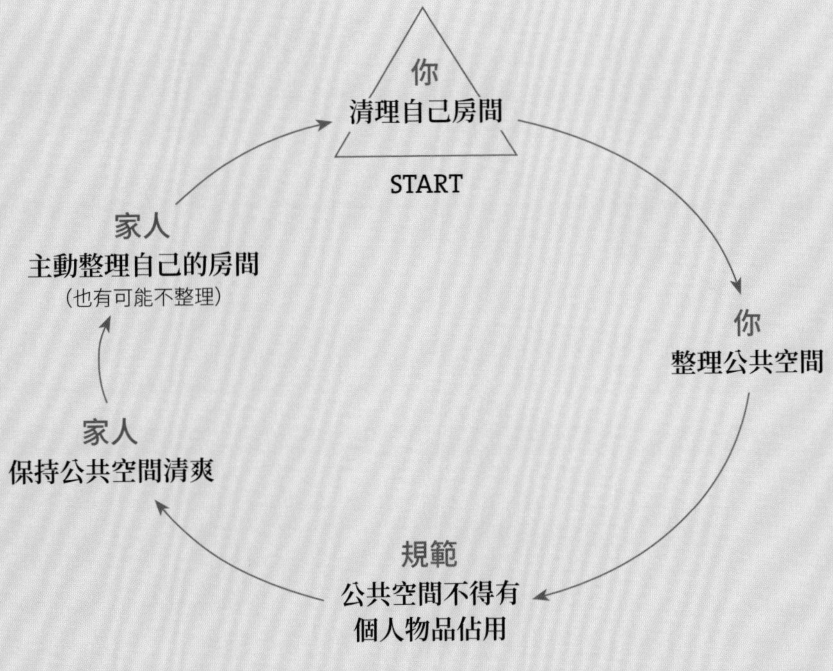
你
清理自己房間
START
你
整理公共空間
規範
公共空間不得有
個人物品佔用
家人
保持公共空間清爽
家人
主動整理自己的房間
（也有可能不整理）

03 簡單生活，是最容易達成的環保！

減物不是浪費，還能降低室內耗能，創造安全動線

圖片提供__聿和空間整合設計

我在分享簡單、減物的過程中，偶爾會遇到有趣的觀點。其中，把「減物」當成是「不環保」、「浪費資源」的想法，更容易讓人裹足不前。

「如果把這些東西丟了，不就等於浪費了嗎？」茱莉（化名）問我這個問題。她是位熱衷環境議題、即將退休的上班族，只要跟環境抗爭有關的議題，她都會盡量參加。

她的家門無法完整打開，被門後的櫃子卡著，眼見所及都是雜物。家中成員平常三至四人，但門口拖鞋擺了十多雙，有些拖鞋裡面還塞著穿過的襪子。桌上擺滿東西，地上有稀疏的毛髮與棉絮。

「你東西太多了！有很多東西看起來就是沒有用到，要找時間把它們丟掉啦。」我直白的建議，卻沒想到無意開啟了她環境危機的話匣子，茱莉試圖想把減物與浪費導向為不環保。

「等等，如果你說把物品丟棄或送回收，是一種浪費的表現。那為什麼要讓這些物品進到妳家呢？」我讓茱莉講完環境污染造成氣候變遷這段、喝一口水時，趕緊插話，「難道在這之前，毫無節制的購買這些物品，就不是浪費嗎？」

我指著椅背掛滿三到四個包包的餐椅、以及堆在按摩椅上的包包們，「如果真的不浪費，一開始就只選擇兩到三個包包就好吧，更何況這些包包看起來也都好一陣子都沒用了喔！」

「這個啊，以後遲早會用到。」茱莉回答。

不顧她的嘴硬，我從車上拿出三個紙箱，用膠帶固定好，「還是請把很久沒用到的包包放到箱子裡面吧，送到物資捐贈平台、媒合給需要的人，並不算浪費喔！」

1, 2 保持家中的動線暢通，不堆放雜物與過多的櫃體，對於室內的通風與降溫有很大的幫助。

房間雜物少，就能降低耗能

「如果您家裡東西太多，又不丟掉，反而是另外一種形式的耗能。」我指著冷氣機，說明給茉莉聽，「在冷氣的出風口下方，您左邊堆雜物、右邊有收納櫃、前方又有沙發，阻擋了冷風的通風路徑，降低冷氣效率。」

一般來說，家中雜物越多，堆積的衣物包包、生活用品，都會蓄熱，冷氣就會運轉得很辛苦。

我接著問茉莉：「同樣三坪大的房間，要從三十度降到二十六度，一間是堆滿雜物的房間，另一間是空曠清爽的房間，你覺得誰降溫較快？」

「……難道是較空的房間嗎？」這樣的比較，引起茉莉的好奇心？

「是的。堆滿雜物的房間裡，每樣物品都是三十度，冷氣必須幫每個雜物都降溫，才能讓房間室溫降到二十六度。清爽零雜物的空間，冷氣的運轉負擔會較小。」我建議茉莉透過減物，間接達到省電及減少地球負擔的目的。

此外，幫家中減物，沒有東遮西掩的櫃子或雜物堆，也較能清楚看到家中有沒有壁癌或漏水的痕跡，還可以因通風良好提升室內空氣品質。茉莉的家人一直有呼吸道過敏的問題，我提醒她：「沒有了這些雜物，粉塵、棉絮及毛屑，甚至是以毛屑為食的微生物，都會大量減少，可以間接降低過敏的機率！」

再回到源頭，把生活簡單化，減少盲目購物，就可以避免買到重複的物品。

以我自己為例，目前家裡的鞋子規範在6雙以內，我的原則是，如果鞋子沒壞，就不去逛鞋店、逛鞋子網站，這樣就可避免無謂的慾望滋生，其他物品同理類推。

環保，沒想像中的那麼難、那麼複雜。回歸簡單的生活，以「單一用品重複使用」、取代「重複購買用品單次使用」，其實在無形中，就可以同時達到物質的環保及能源的環保。

不額外花錢、降低空調負擔三步驟

Step1. 移除擋住冷氣出風口的家具或物品。

Step2. 讓家具或櫃體配置有助於冷氣路徑循環。

Step3. 減物。雜物越少，越有助於冷空氣循環。

04 長輩是斷捨離的最大敵手，怎麼辦？

避免正面衝突，調虎離山很好用！

圖片提供__聿和空間整合設計

相信不少人都有這種經驗：不要的物品，都已經裝箱，放在家門口，準備回收或送出，卻在關鍵時刻被爸媽／公婆／阿媽／隔壁阿姨阻擋，一箱箱的拆開、指責浪費。即使是自己的東西，要送出去還不能自己決定。

雖然明白自己的東西他人並無權替你決定去留，但與之正面衝突也沒必要。只能說，家中有長輩習慣控制大局，要進行減物是需要技巧的。

「以前傻傻不懂，整理好要回收的東西暫放家門外，等待十分鐘後的資源回收車來。」屋主奈麗提到，箱子沒有封起，熱心的鄰居阿姨開始關切，詢問怎麼這不要、那個也不要？是不是太浪費了？也許長輩只是單純關心，但語氣常讓晚輩聽起來像是在質問。

「之後我只要有回收物，都不再放在門口了。趁著晚上，騎車把東西送到住家附近的私人資源回收場。」

鄰居的問題還算是小的，若是自己的家中長輩就得運用更多「調虎離山」、「偷天換日」的小技巧。像是趁著長輩出國或是國內旅行，就有好幾天的時間可以充份利用，一口氣丟好丟滿！即便只是長輩與朋友去喝個下午茶，都可以分批進行小規模的清理計畫。只要記得，搬運時千萬別被長輩撞見，否則落得被盤查的下場，就白費工夫了。

另外，也可以試著用長輩可接受的價值觀來溝通，引導他們加入斷捨離的行列。

像奈麗就是用這個方法幫媽媽減物：「上週我回老家，跟媽媽討論把客廳的物品作取捨，我告訴媽媽『**這樣財運會變好喔！**』，一聽到這說法，她很爽快地答應了。我負責動手，媽

不妨協助從長輩的抽屜、藥櫃整理起，很快的他們就會感受到適度丟東西，會省下不少找東西的時間。
（圖片提供：寬空間設計美學）

媽負責判斷留或不留。結果丟了一堆以前人家送的，不重要也不好看的物件，我們都很訝異，這些東西擺在家裡這麼久，我們居然都無感。」

另外像是藥物，奈麗也用同樣的方式告訴媽媽：「堆在抽屜的一堆藥品，目前也沒在用，除了不知是否還有藥效，更重要的是，聽說留著那些藥，就表示準備要生病，這是晦氣喔！」老人家是最忌諱這種事的了，一聽到有人這麼說，果斷的把藥全丟了。

「囤積症」與「捨不得丟」是兩回事！

一般長輩都會有捨不得丟的心態，是難免的事，但若產生囤積症狀，就得特別注意。

「捨不得丟」是節儉的過度反應，而「囤積症」通常是心理面不安或不滿的呈現。

「母親幾乎不再走出自己的房間，這半年來越來越嚴重，房間也常傳出異味……一週前的起士蛋糕，放在常溫下，還沒吃完。曾經裝食物的塑膠袋油油膩膩，還留著要重複使用。」一對年約 40 左右的夫妻，在某次課堂結束後來跟我訴苦。先生提到共住的岳母，房間的雜物只進不出，最嚴重的時候還會引來蒼蠅，只能趁她上廁所的短短五分鐘，趕快進去清。

「是不是令尊過世？擔心自己被趕走？」因聽聞過類似狀況，我問太太。「正是，但我們完全沒有要趕她的意思，我們一再表明要她繼續跟我們住、要她不要擔心，但都沒用。」

這樣的狀況，已經是在簡單生活、斷捨離討論的範圍之外。這已牽涉到心理層面，要進行心理諮商或看精神科醫生。然而，保守傳統的老人家而言是不可能的，通常會排斥心理醫生。當時我無法提供進一步建議，只能互留通訊資訊保持聯繫。

過一陣子之後，夫妻倆捎來消息，他們後來以保險公司安排的免費全身健康檢查為由，讓母親願意走出家門到醫院看診。健康檢查的同一天，也安排精神科檢查，才得知是老年憂鬱症，「醫生說老年憂鬱症常發生於喪偶之後，岳父走後，開始懷疑自己的存在是否造成我們的負擔？想東想西，開始有嚴重的不安全感。」

先生後來補充，「目前岳母進行同步藥物及心理治療，醫師也要求我們，每天再怎麼忙碌，也要花一小時陪老人家。我們週末也會帶她到戶外走走、曬曬太陽，現在狀況有好多了！」

05

減物之後就是減念

有情而不濫情，掃除情緒囤積小技巧

圖片提供＿聿和空間整合設計

心中不囤積雜念，始為簡單生活之起步。

從減物開始實踐，半年、一年後，應該可以逐漸分辨需要跟想要，厲害的話，說不定可以達到像名作家 Phyills《零雜物》的境界。一年與十年持續的實踐、所累積的功力，絕對是截然不同的。

在減物之後能夠持續這樣的習慣，家的空間就有助於輔助實踐簡單的生活，並將焦點聚焦回到自己內心。減物是由外而內，減念則是由內而外，減少濫情或雜念，清除心理滯礙，就如同清除房間的囤積物一樣。

這不是說要達到無欲無念，而是不要濫情，讓自己的情緒或念頭有其存在的意義。

「**讓情緒控制在六瓶紅酒的扣打**」，是我在某次舉辦《老前學會斷捨離》工作坊時，一位女士分享她與朋友之間「有情但不濫情」的約定。

她的一位好姊妹，因故與交往多年的男友分手了，非常難過。

因為大家都好友多年，話也直白講，這位女士於是提出了「六瓶紅酒扣打」的約定，列出了原則如下：

「在接下來的這段時間，只要這位朋友心情很糟、憂鬱、想找我們哭訴，只要在 line 群組上登高一呼，我們必排除萬難相聚。聚會重點，就是讓她好好泣訴這段悲情史，其他姊妹的原則就是傾聽、頂多探問，不要有不當的安慰或刺激。我們甚至會因心疼而跟著她哭。」她清楚而沉穩的說明，「每次聚會，我們就會開一瓶紅酒。大家藉著紅酒紓緩心情，釋放壓力，我們全力做好陪伴的角色。」

除了空間要開敞，情緒的清空也是十分重要。

圖片提供：車和空間整合設計

不論是凌晨三點、或者是下午茶時間，都沒有限制。有時在朋友家、有時在便利商店，「那次凌晨三點，她把大家call醒，大家相聚在小七，一樣帶一瓶紅酒。」這項約定是，這樣的悲情泣訴，可以有六次的扣打。這位朋友很清楚瞭解到，即使是好友，但能陪伴、傾聽的能量有限，等到第六次的聚會、第六瓶紅酒喝完時，這位朋友要努力放下，繼續往前走才是。

當時我聽到這樣的約定，覺得真是太棒的方法了！這不就是濫情的斷捨離、情緒的減念嗎！

悲傷也要有「期間限定」

即使是再好的朋友、再講義氣的弟兄、再恩愛的夫妻，也不可能一輩子當情緒保姆，更沒有義務被長期情緒勒索。

每個人都有自己的生活要過。每個人都傷過苦過，有些人選擇讓它結痂留疤，有些人則拒絕傷口癒合，興致一來就自揭傷疤討拍。

若有朋友以「專業受害者」自居，讓你重複聽N次的悲情人生，甚至扭曲事實、增加洋蔥量，濫用他人的關

排解情緒囤積的小技巧

1. 找友人陪伴、適度傾訴。
2. 在情緒當下，先轉換自己的所處環境
3. 抒發情緒要有期間限定，才能健康地完成悲傷任務
4. 情緒減念之後，應以增進正常生活為目標

心與付出。就要懂得喊「卡」！

「六瓶紅酒的扣打」的方法實在正中紅心，對安慰方與被安慰方都好，大家都知道限度在哪，就不會慣養出情緒黑洞。

「可能是紅酒太好喝。我們喝到第四瓶，她就說自己已經好了！」那位女士幽默的說，現場我們其他人都快笑翻，「最後的那兩瓶，我們帶到冰島，在極光及幸福感的包圍下，敬彼此理智而閃耀的友誼！」

時間會沖淡一切，但必須附註「期間限定」。如果沒有限制、淪為濫情，不懂拿捏，很容易就在情緒的泥沼打滾而不自知。明定出次數、時段、時間（譬如，有位中年喪偶的老闆娘，為了走出傷痛，逼迫自己獨自到語言不通、從未造訪過的義大利小鎮定居半年，自己痛哭、自己療傷，但只限定半年）專心傷心，之後，才能夠完整的放下、傷口才能放心結痂。

Part 03

「在家養老」翻修觀念養成

不想寄人籬下，在初老期之前就規畫好老後居所。

在美國，有超過 9 成的人想在宅老化，卻只有 1% 的住家可以滿足老化需求。在台灣，內政部最近一次的統計調查，65 歲以上可接受住到養老院、老人公寓或社區安養機構者佔 2 成，大部分的人還是希望能夠在地、在宅老化。

我們面臨的是長壽醫療的快速進步、物價上漲但薪資調降的未來。相對於祖父母這代平均壽命 80 歲，**現在四十歲的人，有超過一半的機率活到 95 歲以上。**

正因如此，錢更因花在刀口上。從現在就開始做功課，如果你要翻修或自建住宅，一定要在 60 歲前就搞定。如果是買新成屋，最好在初老期之前就住進去適應。

圖片提供__聿和空間整合設計

01 家，滿足初老及中老的需求，並為老老做準備

以「水區」為核心，規畫浴室臥室廚房黃金三角

圖片提供＿聿和空間整合設計

所謂「高齡者」是從幾歲開始算起呢？聯合國世界衛生組織從二十世紀延續至今，始終訂為六十五歲。而日本老年學會在二〇一七年發表重新定義高齡歲數的研究報告，認為**七十五歲才能算是高齡者**。而六十五至七十四歲則只能算是「準高齡期（pre-old）」，這個階段。年齡分界只是統計上的參考，並不會真的到了幾歲，才會有突然衰弱的感受，而是漸漸感覺到體力不如以往。依照身體轉變的程度，大致上可把老年期分為初老、中老及老老三大階段。

初老：

略微感受生理機制的衰退，或者有些治療就會好轉的積年之疾，但不影響整體的健康狀況。心理狀態是保持在積極有活力的狀態。初老階段仍可以從事正職或副業，退休者也有體力照顧家中長輩，只要生活規律，並不會有太大影響。

中老：

慢性病或老化影響身心功能，變得較不活躍。有些生活細節需要有人陪伴或照護。例如，如廁時、走樓梯需要有人攙扶。對近期發生的事情較難記得、或者容易分心。

老老：

一天內需長時間坐輪椅或臥床，行動不便，日常生活無法自理，需看護或安養機構提供照護。台灣平均需要他人照顧的老老期約為九年，而全球老人的老老期平均約為八至十二年。

場地提供＿松下營造 UD 夢想家

初老、中老、老老的身心狀況判讀法

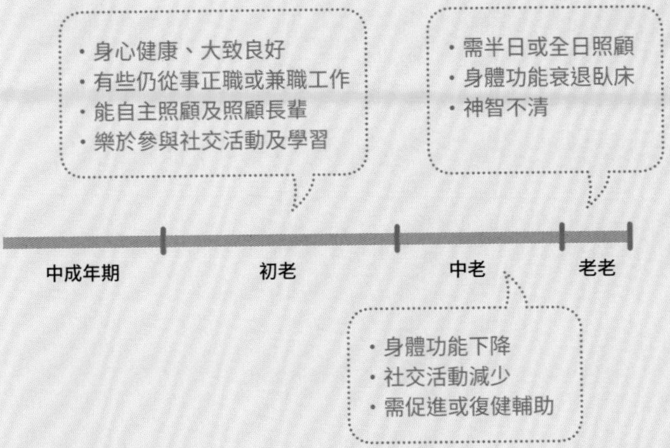

．身心健康、大致良好
．有些仍從事正職或兼職工作
．能自主照顧及照顧長輩
．樂於參與社交活動及學習
．需半日或全日照顧
．身體功能衰退臥床
．神智不清
中成年期
初老
中老
老老
．身體功能下降
．社交活動減少
．需促進或復健輔助

在規畫老後的家，主要聚焦在初老期及中老期對空間的需求，但期望在宅終老的人，則要讓這個家有「老老期」的預備能力。

臥室、浴廁、廚房，維護尊嚴的空間鐵三角

在四十歲到六十歲這個階段，檢視自己的身體狀況、參考家族病史，較能預先規畫所需要的空間特性。

從生理狀況來看，例如家中母親、外婆及奶奶，都有腰椎、膝蓋退化甚至開刀的狀況，那就要有心理準備，家族的膝蓋、腰椎較脆弱、更早老化，應該找有電梯的住家、或者安裝樓梯升降椅。在心理感受上，我喜歡家中一目了然、不要隔來隔去，因為對自己的了解，在規畫客餐廳跟臥室，就會盡量整合，避免有太多的隔牆。

類似上述與空間有關的生理限制及心理偏好，會從中年延續到老。都要事先檢視清楚。

老老期的長輩，已邁入臥床或坐輪椅階段，心智上也有退化或異常現象。完全癱瘓或鎮日臥床者，多送至安養機構專業照護。至於可由看護與親友照顧的長輩，則可透過空間規畫、在家中安然度過老老期。

我外婆的老老期明顯出現在外公過世當年。外公過世半年之

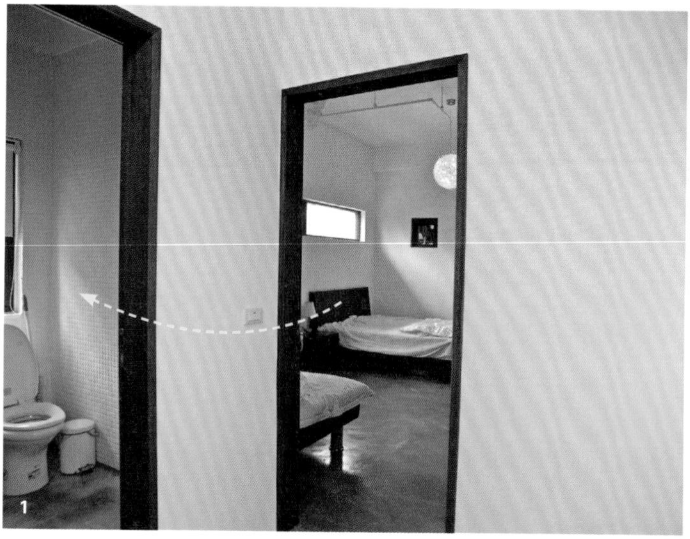
1

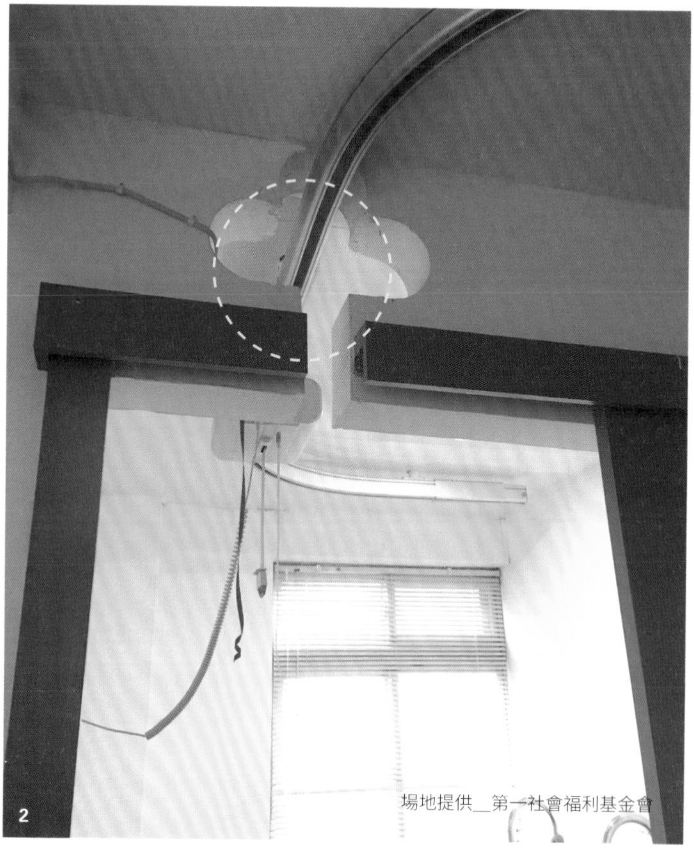
2

場地提供__第一社會福利基金會

1 熟年的體力衰退，裝修時得將最常使用的衛浴與臥室做鄰近安排。

2 臥床的高齡者，可在天花板安排軌道吊掛，移至衛浴方便沐浴。

後，她在體力及心理上都有明顯衰退趨勢。她的被照護時間僅六年，就在睡夢中過世。這段期間，她幾乎都坐在客廳沙發上，不太說話，每天上午媽媽和看護推著輪椅，帶外婆一起出門散步，當時的狀況，仍在可攙扶狀態下走幾步如廁。

在老老期這個階段，不外就是睡覺、吃飯、沐浴及排泄，因此空間的規畫，要以便利照護者為主，達到「輔助照護」、而不是「妨礙照護」。尤其，照護者若是家人的話，不便的空間，長年累積下來容易造成身心俱疲。

因此，規畫老後的家，建議以「水區」為核心，廚房、浴廁的管線配置底定後，以後盡量不要大改，**讓臥室、廚房、浴廁形成黃金三角**，照護者走幾步就會到，不必為了一杯水舟車勞頓。

若受限於條件，則也可選擇家中有衛浴的套房（通常是主臥），再於臥室設置小吧台、小廚房，方便看護者準備長輩的臨時性營養品。

浴廁門可一開始就先做成水平拉門、取代推拉門，使用較方便。全室天花板不做多餘綴飾，若將來有需要，也方便安裝天花板軌道升降椅。

02

「在地、在宅老化的家」必備三大要件

好空間、社區聚點、無障礙動線，笑著住到老！

圖片提供＿聿和空間整合設計

在家養老 在地老化

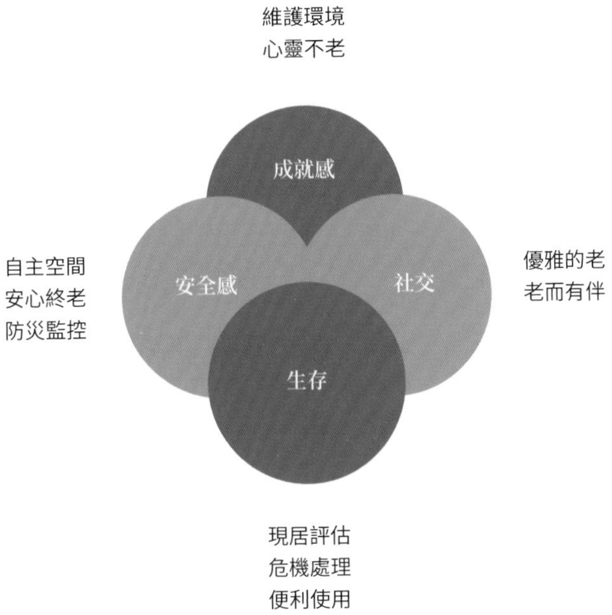

在受邀參與工研院《未來命題》工作坊中，我們從城市現況、都市規畫、醫療科技及生活願景等各種因素進行討論，總結了要**「在地在宅老化」涵蓋了以下四種面向：成就感、安全感、社交及生存**。

住家、社區與周邊環境，扮演著成就這四項理想的輔助角色。成就感與社交感的需求滿足，來自於在居家規畫時，是否考量到自我志趣、愛好所需空間的預留，以及與親友、鄰居彼此交流時是否有適當的場域存在。至於安全感與生存感的需求，則來自於建築本身的品質與所在地提供的機能與便利性。

因此，後半輩子要住的家，從空間之內與之外來評估的話，至少要有以下三項基本要件：

1
場地提供 _ 松下 UD 夢想家

1 住宅空間首重好維護、並具備基本的舒適需求。

2 環境首重具備完善的生活機能及社區支援系統。

01 健康住宅、低污染環境：

後半輩子要平安終老的家，室內裝潢盡量精簡，以確保人體健康及安全為首要，例如：木地板角料需耐用、防蟲、無毒。磁磚使用防滑、不炫光的款式。此外，除了採光通風、隔熱、防潮等基本功能，也要注意住家周邊健康條件，小則避開燒香燒金紙的住家型廟宇、機車行、公車站旁邊；大則避開工業區、焚化爐或園區附近。

02 所在社區便利安全，並有居民「聚點」：

周遭環境的支援系統，在年老之後更加重要。商店、診所、餐廳及公園等生活機能點，要以「步行即可達」為主。此外，選擇有寬敞人行道、走路五至十分鐘就到目的地的居住地，可讓高齡者生活獨立自主。

理想的老後居住地，還需要社區「聚點」。是社區居民自發性想「過來坐坐」的地方。若聚點能有主事者定期舉辦活動，與居民相互熟絡，但又不致於管太多就更好了。依照目前的觀察，小型複合書店、咖啡或茶館、在地小雜貨店等，較有潛力扮演這樣的角色。「聚點」的最終功能，是讓居民能夠共同編

1

2

織出社區人際網路，自發互相支援，不論是精神陪伴上或生心理面層面。

03 住家內外，具備「你」需要的無障礙設施：

如果你正在物色的新家，除透天自用住宅、樓地板面積過小及特殊情況*註，從二〇一三年開始，內政部明定，「新建、增建之公共與非公共建築物均需設置無障礙設施。」在法令上的定位，這是屬於強制性規定，主要對象就是公寓大廈、住宅大樓。

此外，每個人生活習慣不同，端看它是否滿足你「個人」的無障礙需求，例如：習慣開車的家庭，就要到停車場看看，**停車格面積是否有涵蓋上下車的緩衝空間**？如果兩車之間間距很窄，打開車門很容易打到隔壁車，行動不便時會更麻煩。

習慣搭公車的人，則可檢視住家地點是否位於「無障礙（低底盤公車）路線」上，此外，針對視力退化或視障住戶，需要的硬體是導盲磚、點字或有聲號誌，軟體則是有視協員、導盲犬或視協APP可查詢到的路線等，如果這些都沒有，徒有斜坡、扶手等，並沒有切中需求。

當然，這三大要件需建立在住家本身結構體安全無虞，住

1 人行道與住家旁，以方石砌成的長凳，路人走累可稍事休息。

2 公共環境規畫無障礙動線，是打造舒服安全步行體驗的第一步。

進去之後，房子保守估計要能至少再住上六十年，這最基本的。

達到上述這三項要件之後，就可以再擴展更多功能多元化的住宅目標，繼續創造屬於你自己的理想未來。

＊註：

《建築技術規則》

第十章　無障礙建築物第167條

為便利行動不便者進出及使用建築物，新建或增建建築物，應依本章規定設置無障礙設施。但符合下列情形之一者，不在此限：

一、獨棟或連棟建築物，該棟自地面層至最上層均屬同一住宅單位且第二層以上僅供住宅使用。

二、供住宅使用之公寓大廈專有及約定專用部分。

三、除公共建築物外，建築基地面積未達一百五十平方公尺或每棟每層樓地板面積均未達一百平方公尺。

前項各款之建築物地面層，仍應設置無障礙通路。

前二項建築物因建築基地地形、垂直增建、構造或使用用途特殊，設置無障礙設施確有困難，經當地主管建築機關核准者，得不適用本章一部或全部之規定。

建築物無障礙設施設計規範，由中央主管建築機關定之。

03 熟齡住宅，翻修好還是搬家好？

在宅養老的住家改造原則

場地提供 _ 松下 UD 夢想家

對住了一輩子的老家有感情是人之常情。但還是要考慮安全性。從五十多年前輕工業化開始，景氣開始復甦，原本多代同堂的家庭開始分散各地組成小家庭，為讓更多人有房子住，興起了成批大量快速建成的別莊、販厝，「鋼筋細的像米粉、砌磚簡陋、只講速度。」一位年近七十歲的老工頭曾這樣形容。

三、四十年前，開始有公寓形式的住宅出現，房地產及公寓大樓營造業成為新興產業，政府並在一九七四年訂定建築相關法規，但法源多來自美國，與台灣潮溼多雨多地震帶的條件不同。有的則貪快求售，紮實的畢竟是少數。

老工頭說的沒錯，我有幾次機會看到翻修中有些四、五十年老房子，樓板割開的時候，看到的鋼筋真的細到頭皮發毛。現在樓板通常用三號或四號鋼筋，而且還會固定間距穿插比較粗的七號鋼筋加強。但早期有些用更細的鋼筋來搭接整片樓板，在拆除時，只見師傅腳一踢，整片樓板就掉下，因此這種老房子在翻修時，最好只拆到剩下骨架、或乾脆重建。

但也不是說早期的房子都很脆弱，如果是家族蓋的透天、或者建商自己也要住進去的大樓，自然就會蓋的較為堅固。搭配定期的維護、保養與檢查，並且日後也不做影響到結構安全的改造的話，體質好的鋼筋混凝土建築，壽命達到七、八十歲以上也不無可能，只是比例實在不高。

不安全的建築，有點像是溫水煮青蛙，是潛藏的危機。如果房子本身讓你產生絲毫疑慮，而你有可能再住上二十年以上的話，請務必先找建築師、土木技師等相關專業人員進行評估，如果結構真的衰敗、或者補強經費超過預算的話，安全第一，還是搬家吧！

1 臥室的規畫盡可能以物品少量為原則，四週走道開闊，為了安全與方便起身，不妨安排床邊扶手，並設置私有浴室。（場地提供＿松下 UD 夢想家）

2 在選用洗面盆時，不做下方浴櫃，以便未來若有使用輪椅時，下方不會被卡住，此外，面盆的高度也同時要考量到配合輪椅高度。（場地提供＿松下UD夢想家）

熟年的家翻修提醒

若要建造或翻修老後的家，大多人都會對於花費感到卻步，其實只要在施工前做好規畫，就可以一次到位，不必等到老了的時候再改來改去，其實並不會比較貴。

以下的幾項改造原則，有些是考量到坐輪椅時所需的空間，也許一輩子也不會用到，但也許有時候會用到，有備無患，萬一真的需要時，有無障礙的空間，才能分攤照護者的辛勞。

⦿ 整體規畫

Point1. 起居空間規畫在同一層樓（同一區），包括無障礙衛浴。

Point2. 從房間出來到客餐廳、衛浴，不要有階梯或門檻。

Point3. 客餐廳、廚房、臥室及浴室，盡量空出直徑約1.5公尺的淨空間（方便照護、轉身及輪椅迴轉）。

⦿ 走道、出入口注意

Point1. 輪椅寬度一般為70～75公分以下，單向通行的走道至少85～90公分寬，要有明亮且柔和的照明。

Point2. 至少要有一個無障礙動線，能從馬路進入到家門裡。

Point3. 無障礙家門，門框內側要一公尺寬以上、扣掉門把、摺疊紗門的厚度後，至少要有90公分的淨寬（室內房門也一樣）。

Point4. 無障礙門口前，應**安裝感應燈**。

Point5. 無障礙門前地坪，應使用室外止滑地材、**並做好排水**。

Point6. 除一般高度外，無障礙門口應再裝設90公分高的貓眼（貓眼要附遮片），或者裝視訊及對話功能的門口對講機。

Point7. 門鈴要安裝在坐輪椅都可觸及的高度。

Point8. **大門安裝門弓器**，進門之後就可自動關閉。

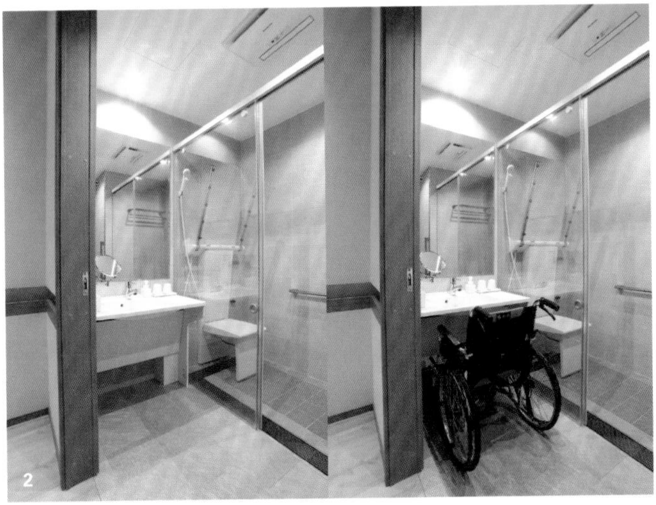

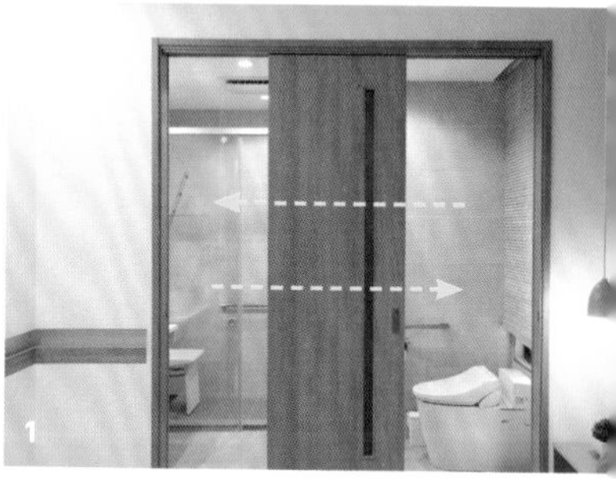

1 浴室使用水平拉門，除了較方便省力，同時也節省門的迴轉空間，方便輪椅進出。（場地提供 _ 松下 UD 夢想家）

2 在兩地空間的交接處，如浴室與臥室間，或公私場域的地板高低差需特別注意。

⦿ 室內門及門檻注意

Point1. 門盡量設計**水平拉門**。

Point2. 以**手柄把手**取代喇叭鎖。

Point3. 不得已設門檻時，應控制在3公分以下並作斜角處理，避免直接段差。

⦿ 窗戶注意

Point1. 盡量有充足的採光。

Point2. 選擇具隔音隔熱防盜的氣密窗。

Point3. 選擇有視野的窗戶，把窗戶壓低、並設置較矮（與桌面同高）的窗台。

Point4. 選擇容易操作又好保養的窗戶及窗框。

⦿ 車庫注意

1 停車位旁若能有約 0.8m 的走道，上下車會方便很多。

2 良好的照明與空氣流通，都影響著居住者情緒與健康。

Point1. 停好車之後，要確認車旁至少還有0.8公尺的最小通道。

Point2. 若車庫設置在前院，則停車區要設置遮雨棚。

Point3. 停車區及行走動線的鋪面，盡量不要用會卡住拐杖或輪椅的傳統植草磚型鋪面。

Point4. 通往家門的動線應設置扶手及坡道（如有高差的話）。

⊙ 省力、安全注意

Point1. 選用的任何家電、家具及設備，以**減少維護**、**好清潔**為原則。

Point2. 空間裝潢越簡單越好。

Point3. 櫃子適量即可，不要讓自己有囤積或過度收納的機會。

Point4. 完整的視訊、監控及緊急求救系統。

⊙ 收入規畫安排

Point1. 是否有分租或局部出租作為資金收入的可能

Point2. 規畫出終生副業的工作空間或區塊

3

4

Part 04

局部改造：減法設計、保命防跌

無障礙、通用設計，是高齡住宅的其中一部分概念，高齡者在五感上的逐漸衰退，所需要的輔助方式，又介於無障礙與通用之間。

內政部《建築物無障礙設施設計規範》提供的是客觀狀況下的無障礙尺寸，適用於公共場所及住宅的空間規格。針對更細部的考量，本單元依照手、腳、視力這三個部分，補充居家及生活面向的局部改造方案。

場地提供 _ 松下 UD 夢想家

手：握、舉、拉、抬

櫃設計＋扶手設計，取物省力、移動穩定

1 又高又深的櫃子，在吊櫃底板裝把手，利用摺疊式五金斜拉而下，方便拿取。（場地提供＿松下UD夢想家）

2 吊櫃若設置較低的位置，深度需控制在約20～25公分、擺較輕巧的調味料、碗盤或杯子，櫃門以水平取代打開，以免撞頭。

Point1 降低物品放置的高度

隨著五金配件的演進，即使設置較高的櫥櫃也不用再擔心了。不必墊椅子，只要輕輕一拉就可整個櫃子下降。屋主可依照自宅需求，請設計師或廚具廠商規畫。五十肩、不夠高、腳力不夠，建議吊櫃要裝升降五金。但要特別注意的是，櫃體升降五金品質、會影響到日後的維護難易，建議先確認好品質及保固再做決定。

倘若，不裝升降五金的話，在安裝吊櫃時，宜降低安裝高度。將手臂的**上臂舉到與肩齊平，手腕與手肘的中間設為上櫃子底板的固定位置**。但由於位置較低，吊櫃的深度需控制在約20～25公分、擺些較輕巧的碗盤或杯子，櫃門以水平取代推拉形式，以免撞頭！

1

2

直式格柵扶手

LED 夜光型扶手

溝槽式扶手

裝飾型扶手

3 將扶手嵌入壁面，結合偵測型照明，幫助夜間引導至目的地。

4 此款松下營造裝飾型扶手，突破「扶手只能是圓柱型」的侷限，優雅簡單，既可攙扶又可置物。

5 LED 夜光型扶手，直接將光源設計在扶手中。創意型的花色，也可增加長者在行走時的樂趣。

6 打破扶手一定要橫向的原則，以直向設計同樣可攙扶並做緩衝視線的屏風。

Point2 跟樓梯欄杆一樣必備的「扶手」，款式很多

走廊上、浴廁裡、玄關旁，扶手可說是空間安全的必備，平常也許不需要它，但偶然腳一滑、一個重心不穩、或者頭暈，它都有可能是救命的關鍵。

許多人不裝扶手，主要在於既定印象中，扶手讓人聯想到醫院或養老院。要不就是慘白、要不就是冷冷的鐵灰色。現在坊間各家廠牌紛紛推出好看、優雅的扶手，有些甚至還具有夜燈效果，觸感也不再只有冷冰冰的選擇，有實木、貼木皮或防潮等特性，可依照空間屬性來挑選。

建議中壯年時期的裝修，就可以開始規畫扶手。從家門口、玄關到室內的主動線，都先安裝好。從中年就開始習慣它的存在，不論接下來接長輩來住、或者自己老後，都很方便。若一開始沒裝設，等到接長輩一起居住時，有些長輩會覺得這是為了他而裝，不願意服老而產生排斥抗拒。若空間打從一開始就有這些便利設施，習以為常之後，長輩需要時，在不自覺間就會開始使用這些輔助的安全設備，免除過渡時期的不良感受。更何況扶手不論在何種年齡都可能用到，轉個彎、換個鞋等，只要有單腳轉換或高低差等行為，扶手是預防摔倒的最佳夥伴。

腳：跨、站、坐、走

升降椅、暫坐設計、輔助扶手、防滑地板，四大安全規畫

目前多家國產樓梯升降椅，都有蓄電、無線遙控及安全碰撞等基本功能。產品特性各有不同，有的重防潮耐震、有的重售後服務及美感，可趁輔具展時前往瞭解。

Point1 樓梯升降椅的評估與安裝

根據衛服部統計，每年台灣約有兩萬人要置換人工關節，才能行動自如。國人膝關節退化的盛行率約百分之十五。若只統計六十歲以上長輩，則有近七成的人受膝蓋退化性關節炎所苦，尤其女性佔比更高。不僅如此，退化年齡還有降低趨勢，越來越多三、四十歲的年輕患者，常因運動過量或姿勢不當而造成。

透天又比電梯大樓的住戶，其膝蓋要承受更多的壓力。以一位體重五十公斤的女士來說，在平地走路時膝蓋骨（髕骨，膝蓋前端那片）承受的是二十五公斤、膝關節是一百五十公斤。下樓又比上樓承受更多壓力，膝蓋骨承受二百五十公斤、膝關節承受二百一十五公斤。

活動型態	體重（公斤）	髕骨（膝蓋骨）承重倍數	脛骨、股骨（膝關節細縫）承重倍數
走路	N	0.5 倍	3.0 倍
上樓		3.3 倍	3.8 倍
下樓		5.0 倍	4.3 倍
蹲跪		7.0 倍	5.6 倍

⊙ N（體重）x 承受倍數 = 身體承重的公斤數

如果膝蓋在中年時期就已變得敏感、錯位或衰退，膝蓋的保養要特別注重。再者應安裝電梯或樓梯升降椅，或者搬到有電梯的地方，避開每日上下樓好幾趟所帶來的壓力。

很多人擔心樓梯太窄無法安裝樓梯升降椅、家中樓層面積又太小無法安裝電梯，決定住在一樓，這不論在生活品質上或家人互動上都令人遺憾。現在樓梯升降椅一直在進步，目前研發最窄的樓梯升降椅已可達展開寬度僅50公分，等於樓梯寬只要60～65公分以上就可評估安裝，當然這價位相對較高。

主流格式的樓梯升降椅，展開寬度在五十五至六十公分左右，樓梯淨寬最好要在70～75公分以上為佳。樓梯升降椅首重馬達及軌道的維護容易度及穩定安全性。目前國內有多家品牌提供選擇，可依照所在區域跟空間需求挑選，所在環境濕氣重，可考慮實心不鏽鋼軌道。若平時家中只有長輩，則建議選擇有提供定期保養的廠商。

1 在家門的內或外，規畫暫坐的區域。不論要換鞋、或者等待其他家人，都可避免久站等待。

2 針對透天或大坪數住宅，於較長的走廊或轉彎動線上，設計暫坐區。可作為家人之間閒聊或長輩小憩的角落。（圖片提供＿聶志高老師）

Point2 進出門時，走道中的暫坐設計

在正常使用、又沒有特意訓練下，人類的肌力在五十至六十歲之間，每年約減少百分之一點五，約到六十歲之後，每年減少百分之三，也就是說，人在七十歲的肌力會比在六十歲時少了百分之三十。除肌力退化外，也有屋主是因長輩會有偶發性的頭昏、昏眩症狀，因此除了做扶手外，能夠暫坐休息的地方就顯得重要。

「暫坐設計」雖然無障礙或通用設計中沒有被提出強調，以居家角度來看，它不但可提供前述肌力或體力不足的暫時休息，設置在有窗、有景的地方，又增加生活的趣味，也有可能成為與家人小聊（不必像坐客廳或餐廳這麼正式）的轉折點。

Point3 輔助扶手，起身、坐下不再吃力

相信有照顧過長輩的人，都有扶長輩從沙發站起來的經驗。之前陪外婆看電視，看護在廚房忙，不懂得扶持技巧的我，很自信的要扶外婆站起來如廁，沒想到一個重心不穩，外婆又跌回沙發、我也跌在沙發上，還好外婆沒怎樣，我也才意識到光是攙扶就有可能造成危險。後來外婆腿肌力越來越不行，連看護都需要用扶抱腰帶，才不會讓自己閃到腰。事後想想，如

果當時我們把外婆坐的矮沙發，改成剛好的高度，而且兩邊有扶手，讓她可以幫忙施力的話，也許就不會這麼困難了。

3. 座椅扶手：

日本優能福祉家具，設計高度可調整到與膝蓋同高的座墊、兩側有扶手、並且提供抓握的突出柄，就可以為自身的站起、坐下出力。（場地提供__優能福祉）

4. 如廁扶手：

不只是傳統造型，目前丹麥也有針對如廁站立前後三階段體姿變化，提供握、抓、撐的扶手。（場地提供__優能福祉）

5. 床側扶手：

床側扶手有分為固定於床框旁、或者如圖中松下活動式床側扶手，可依需求攤開或轉折使用。（場地提供 _ 松下 UD 夢想家）

床側扶手

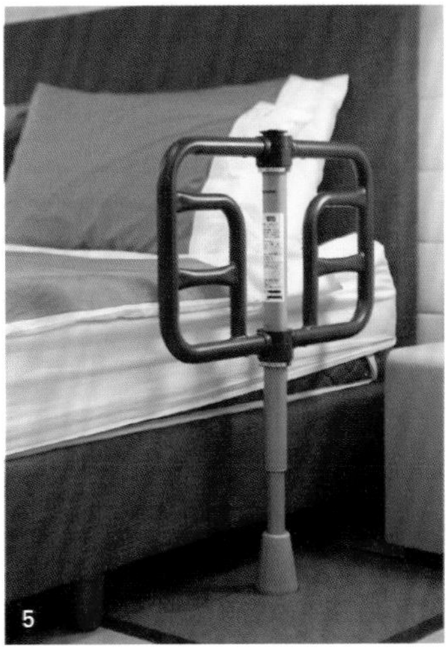

如廁扶手

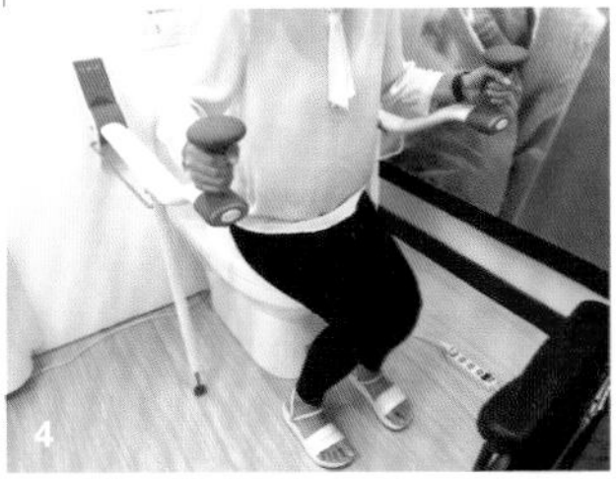

座椅扶手

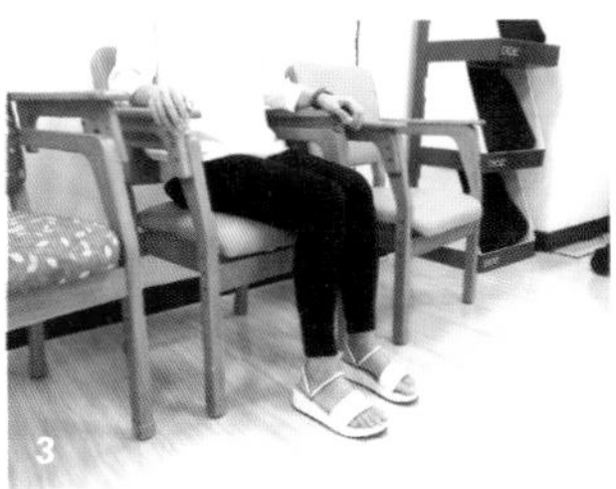

Point4 選擇防滑好維護的地板、階梯材質

適合國內氣候溫濕度、價格又平民化的地板材質，還是磁磚最好保養。如果是臥室等需要較舒適的空間，要有木頭溫潤感，品質好（價格中上）的超耐磨地板會是較耐久的選擇。或者目前也有仿木紋的磁磚，幾乎可以假亂真。

階梯的防滑也很重要，尤其如果階梯是屬於實木、石材等較容易打滑的材質，於末端需貼上止滑條或鑿出止滑痕，降低滑倒的風險。

1 臥室超耐磨地板與浴室防滑磁磚交接面之處理。（場地提供 _ 松下 UD 夢想家）

2 實木、石材等材質作為階梯容易打滑，務必於階梯邊緣設置止滑條，並定期檢視維護。

2

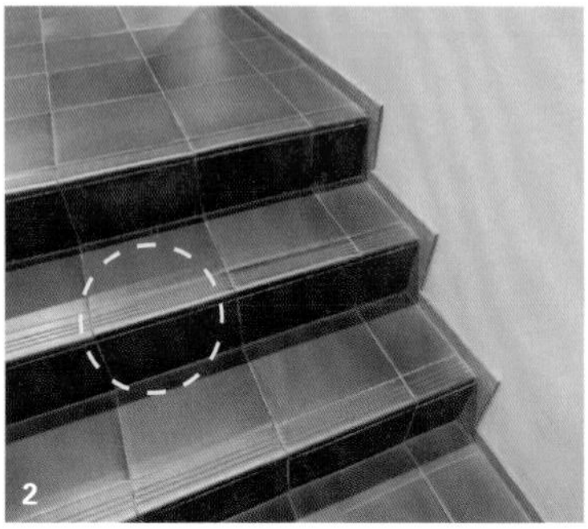
2

1

視：光亮、顏色、紋路

素色建材、防炫光折射物件，讓熟齡眼力清晰

Point1 素地素牆 避免造成眼花幻視

掉了硬幣、針到地上，要找老半天，是磨石子地或拼花地板家庭的共同經驗。老後的家，不論地板還是牆壁，盡量以素色、淺色或天然色系為主。

曾遇過一位屋主，他的母親自從罹患輕度失智後，就不敢再踏進廚房一步，然而要去廁所必須經過廚房，她因此選擇憋尿、甚至最後必須包尿布。醫生始終診斷不出憋尿的原因。後來我因緣際會拜訪屋主，發現阿嬤原本都還可對話、甚至開玩笑，但當我扶著她到廚房時，她就面露恐懼、眼睛一直惶恐盯著廚房地板、不敢踩進一步。我們進一步引導她，才問出答案……

屋主家的客餐廳地板有翻修過，是新的大片米白素色磁磚，而廚房跟廁所則是維持著早期拼花磁磚，有藍、紅、綠等小片磁磚拼貼出幾何造型，我們看來古早懷舊味十足，在有幻視的阿嬤眼中，像是萬花筒般的無底深淵，她深信只要她腳踩進去就會跌落谷底。

找到問題根源後，建議屋主將廚房地板貼上米白色系的塑膠地磚，與客餐廳地板顏色接近，施工方便速度快，讓阿嬤不會再因幻視而產生恐懼。

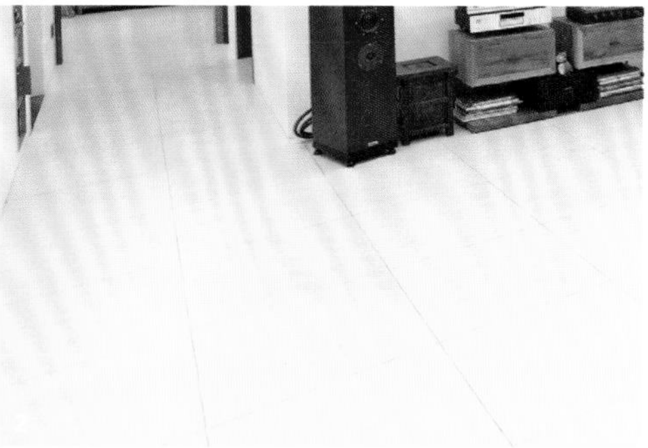

4 過於光亮的地板容易折射光源，造成視線上的困擾，可用地毯緩衝。

1 早期的拼貼地板有其復古的美，但卻有可能因失智帶來的幻視而產生困擾。

2 使用素色、淺色的地板及牆面，選用色系鮮明的家具，讓色差產生前後對比以利辨識。

3 霧面或吸光面材、搭配紗簾過濾室外強光，讓地板不再炫光。（場地提供 _ 松下 UD 夢想家）

通用設計示範屋

本章節特別感謝台灣松下營造，提供松下 UD 夢想屋，作為我們局部拍攝取材的場地。松下營造目前在台灣有提供營造及室內設計等服務，其示範空間「松下 UD 夢想屋」也有提供購屋者或設計委託者參觀體驗。

台灣松下營造 https://www.panasonic.com/tw/company/homes.html

4

至於廁所，則建議他換成白色或米色防滑磁磚，若短期內無法翻修的話，直接鋪上浴室專用的灰色或白色排水地墊，只要色系單一不造成眼花，就可讓阿嬤安心如廁。

即使不像上述案例有幻視情況，年老之後視力仍會自然老化。盡量避免太花俏的壁紙及家具紋路。

Point2 避免炫光、幻視的反光或折射材質

隨著年紀增長，視力除了在色差辨識上轉弱之外，有時也會變得畏光。因此在居家材質的選用上，盡量避免用到會反光、炫光的材質，也要避免在視線範圍內出現過亮的點狀照明。

反光主要出現在立面，例如玻璃櫃上的玻璃門，不但會反光、還會映照出人影，徒增幻影與誤會。過於光亮的地板，例如拋光石英磚或塗上亮面漆的木地板，則會造成炫光，產生視覺暫留及視線不良。

Ch2

後半輩子
最想住的家

▶家空間改善重點

- 空間對調，3 步到廚房
- 直線規畫 不轉彎
- 止滑！選用木紋磚
- 局部 無障礙
- 天然照明，防塵設計
- 一公尺 行走寬度

屋主年紀

50+

讓腳力退化的母親在家也能行動自如

5 步之內輕鬆移動！家的黃金三角與減距設計

自從母親從前年回台灣長住後，女兒小曼為了讓媽媽住的安心、安全，大至格局重整、小至加裝輔具，即使只是可以讓母親少走幾步，小曼也費盡心思發揮設計專長達成。有家人陪伴、生活環境安靜又安全，無怪乎母親時常綻放出陽光般的笑容！

「要記得加糖，火關小一點，水不要加太多。」

「喔……」

「湯滾了，再讓它小火滾三分鐘。」

「我知道啦……齁，每次都要講喔……」

八十歲母親坐在餐廳上，望向廚房的女兒小曼，殷殷叮囑著。

「湯圓冷了，幫我加熱吧！」

「先喝湯吧，湯明明是熱的呀。」

「我想吃湯圓再喝湯～」

前院原本的賞景小徑，動線曲折。所以把前院內外門之間的距離改成直線，外門與馬路之間以小斜坡收邊。

HOUSE DATA

▶**屋名** 舒室

▶**居住成員** 母親、小曼

▶**格局** 前院、玄關、起居（閱讀區、客廳、餐廳）、主臥房（母親房，含衛浴）、廚房、姪女房（小客房）、大客房、公共衛浴、倉庫、看護房、洗曬衣陽台。

▶**坪數** 室內 29 坪、室外 6 坪

「齁……這麼講究喔！」

廚藝很優的小曼，在母親眼裡卻可能永遠是初學料理的小女孩。

小曼跟媽媽的相處互動很像朋友、又像姊妹，八十多歲的媽媽，偶爾絮絮叨叨，小曼也會幽默的回應。母女倆能夠在同一屋簷下，悠閒討論料理、共同晚餐，要從兩年前、母親回台灣長住開始說起。

第一次裝修重風格、第二次裝修重簡單安全

小曼的房子位於公寓一樓，二十二年前，她深深被這個社區所吸引，安靜、視野佳、離市中心也近。「當時社區剛完工、入住率很低，但我最看重的、面對景觀的這排則幾乎住滿。我急著買，景觀排只有這間一樓要賣，所以就先買了這戶。」前屋主同時擁有一樓跟五樓，但當時大家都覺得一樓不如五樓，可以看到山景、市區夜景，在當時價值是不如四、五樓的。

如今二十年過去了，前屋主家的長輩九十多歲，兒女也六、七十歲了，住在五樓越來越難上下樓，老人家更是非不得已不出門，頻頻打探一樓鄰居是否有賣屋的打算。

22

1 適當的圍牆高度，約 180 公分，保障隱私也保留了賞屋前的綠意山景。

2 原本窗外有一個水池，容易長蚊子，趁這次翻修把水池填起來，做成木平臺。

3,4,5 運用回收材及自然材做為前院圍牆跟大門的元素。

一開始，小曼有機會設計自己的家，當然要把它打造成當時最欣賞的歐式古典風格。為讓大器與優雅兼容並蓄，主要重在視覺上的呈現、比例及前院園藝造景等。譬如，一進門往室內看去，就可以清楚看出空間的中軸線，端景則是嵌有古典線條的和室拉門。

等住進去幾年之後，她逐漸感到有些部分需要調整。盡管如此，因工作忙碌、加上以置產強迫自己儲蓄，小曼約在十年前又在同一社區買下五樓住宅，喜歡視野景觀的她，開始把生活重心移到第二間房子，而沒能整頓一樓的家，平常也只有劉媽回國期間，才會住在那裡。

4

5

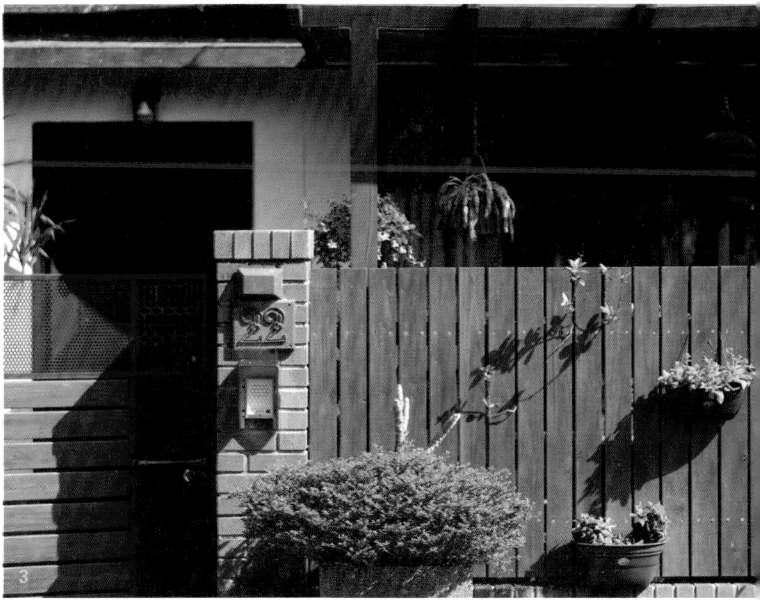
3

前年，八十歲的母親確定從美國回台長住

「以前媽媽還有辦法爬到我五樓的家聊天看風景。後來她膝蓋逐漸退化，無力再攀爬樓梯，即使母親在一樓的家住，也因原有格局跟家具的關係而常常跌倒，買助行器給她、她排斥使用，只接受拐杖，為此我決定要好好改造一樓舊家。」，距離上次裝修已經是二十年前的事，小曼重新審視舊家格局。這次，她決定以安全為出發點，作為翻修的重點之一。

臥室走到廚房 從12步減到5步

漸漸地，小曼觀察到，母親進出廚房的頻率很高，不只白天、連睡覺期間也是。因為淺眠，每隔一陣子就醒來到廚房喝幾口水、整理一下東西。但臥室到廚房之間，隔著一間和室，對行動不便的母親而言，顯得十分遙遠。

「從臥室到廚房，我們一般人大概走七、八步就可到，但我媽搭配拐杖，走起來比較吃力，要十步以上才能到。加上餐桌跟和室之間的寬度大概也就一米，有時候餐椅忘記收到桌子下，就干擾到了走道的行進。」廚房門口卡著餐桌椅，很容易絆到拐杖，劉媽不只一次發生跌倒、甚至受傷的事件。

再三思考之後，小曼決定將廚房改到母親臥室旁邊，與原來的和室交換位置。剛好原廚房跟和室的後方有一長型陽台設有排水孔，因此排水的部份不會造成太大困擾。

此外，劉媽臥室房門與客房房門原本是面對面的，踏出房門後、要轉個身才能朝向廚房，等於要多一個動作。房門改向後，一出來就緊接廚房，扶著左側安裝的扶手、再走一步就可以扶到小吧台，走三步就可以輕鬆取水。

「我將動線縮短，截彎取直，媽媽本來要吃力謹慎的走上十多步、現在只要走三、四步就輕鬆到廚房。每省一步，就多一份安全，減少發生危險的機率。」

和室與廚房對調後 改為小客房

另外一個改變重點是「和室」。從二十年前開始，室內設計潮流中，不論什麼風格，架高地板搭配拉門的「和室」，幾乎是家戶必備。

記得十年前我還在居家雜誌當編輯時，和室與收納兩者關係密不可分，和室要能夠喝茶兼客房兼倉庫，可說是家家必備。

隨著近年斷捨離漸漸取代收納，大家逐一刪去不會用到的物品，意識到其實家中櫃子根本不必過量。考量到姪女經常來住，小曼捨棄當年的和室規畫，決定設置一般客房。

原有廚房空間偏長型，改成客房後，後方空間正好可再切出一段給陽台，讓陽台長度加倍，增加陽台洗曬衣的空間。

1 從餐桌角度可以清楚看出連接的房間，由左到右依序為主臥、廚房、客房。

2 從臥室房門走出就是廚房小吧台。不必像以前要繞過和室才能抵達廚房。

3 母女倆身高在 150 ～ 160 公分左右，其鍋具多為厚重的鑄鐵或陶瓷材質，為減少手肘的施力，降低瓦斯爐檯面，使其高度約 75 公分左右、流理台則為 85 公分。

2

1

3

動線規畫 list

三角動線，
5 步之內做什麼
都方便！

1

廚房移至中間，緊鄰母親房

照片中由左到右的房間，分別是母親臥室、廚房及小吧台、姪女房間（小客房）及看護房。原本廚房在最右側、中間為和室。

1

2

扶手 + 檯面 = 移動好幫手

從這個角度可清楚看到，臥室與廚房就在一步之隔。加上有搭配扶手及吧台檯面可攙扶，母親隨時都可安全進出廚房。

2

3

母親房門轉向，直通廚房

置物牆右側為母親房門口。置物牆原本不存在，是第二次翻修新增，讓原本長型的餐廳變成方正，藉此增加母親臥室的衣櫃空間、也讓臥室的房門轉向（從朝前轉為朝向廚房），並統整了客餐廳，可謂一石二鳥、扭轉乾坤的關鍵解法。

4

整合動線，減少步行距離

格局重整後，臥室、廚房、餐廳相鄰，簡化動線，大幅降低母親步行的距離。

5

臥室外增設對講機，開門不用急

室內對講機與前院圍牆的鐵門相通。以前只有裝一支在玄關門旁，急著去按對講機開關，容易跌倒。現在加裝一支在臥室門旁，訪客按門鈴，只要在臥室房門就可通話。

3, 4

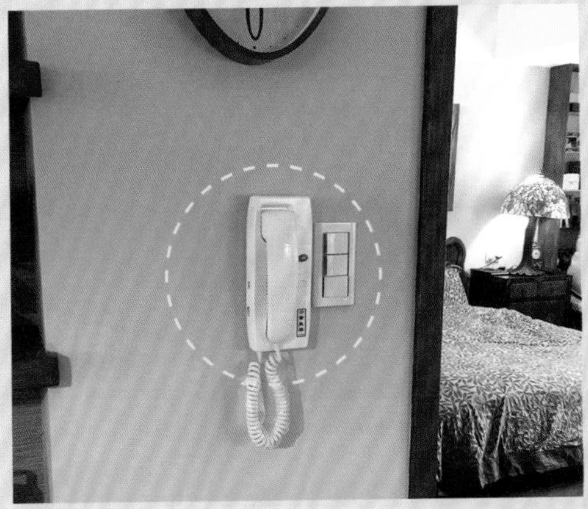

5

開放式的起居空間。地板使用木紋磁磚，避免有潔癖的母親太容易發現灰塵而不停打掃。

小曼家的預算表

- ▶拆除工程 8萬
- ▶泥作工程 62萬（含磁磚）
- ▶木作工程 5萬
- ▶金屬鐵工 15萬
- ▶水電工程 35萬（含衛浴）
- ▶廚具安裝 20萬
- ▶空調系統 20萬
- ▶油漆粉刷 15萬
- ▶窗簾燈具 12萬

總計　192萬元

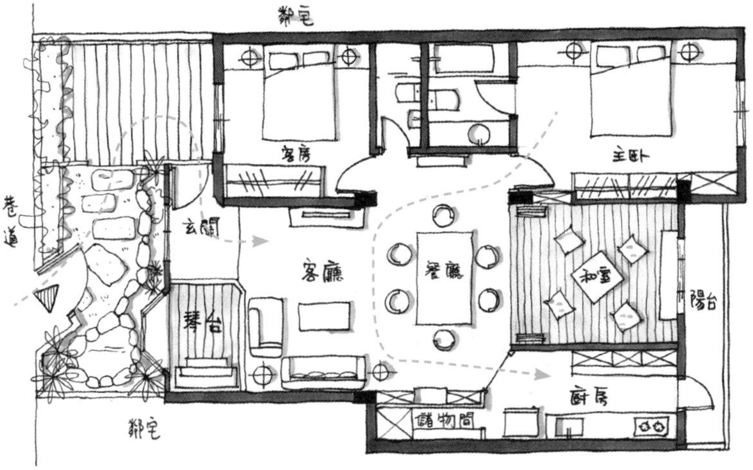

Before平面示意圖

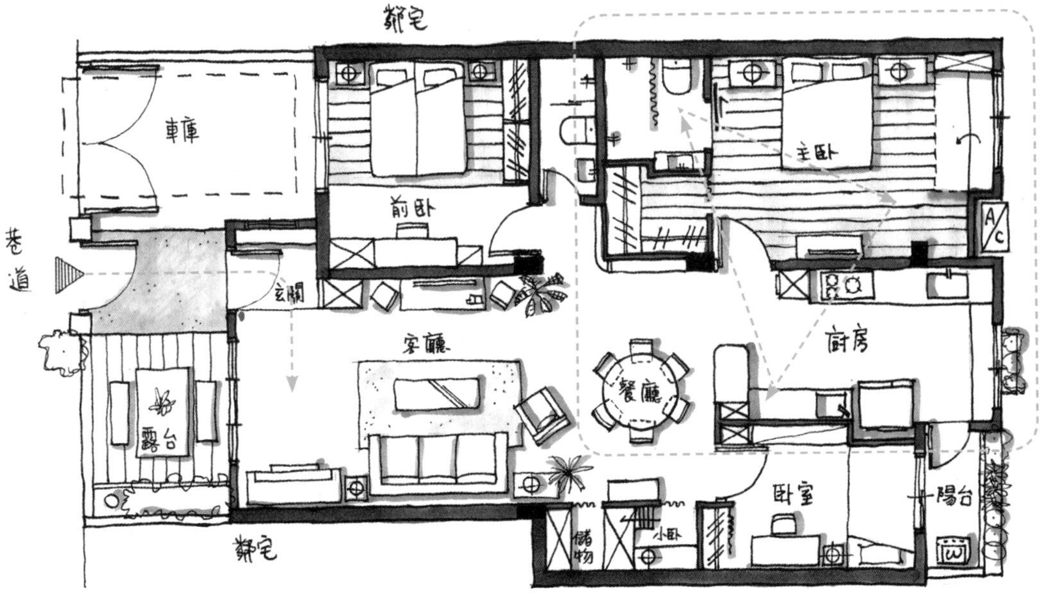

After平面示意圖

尊重母親的感受 不做突兀輔助

寫到這裡，主要是藉由動線解決行動不便、減少路程的部份。但接下來這部份，我認為也不容忽視，是所有為長輩翻修住家的子女、必備的認知：「尊重」。輔助的相關設計，唯有做到尊重，才能讓長輩住的平安又心安。

輔助就輔助，跟尊重有什麼關係？譬如，有些子女為長輩臥室加裝不鏽鋼原色的扶手，又粗又亮，對有些老人家而言，它就像在醫院看到的扶手，彷彿正嘲諷著他的無能及退化。如果能留意長輩的感受，做不突兀但又能達到功能的輔助，較不會讓老人家在使用上有所芥蒂。

劉媽到新店住之後，小曼有機會觀察媽媽的日常動作。她發現母親上下樓梯比以往更吃力，走平地時，也習慣邊走邊用手撐著牆壁，於是決定要在家中常走動線安裝扶手。

「我媽當時根本大反彈啊、非常生氣！」小曼苦笑說。

劉媽是台南訂製裁縫師出身，對整體美學，包括配色、材質及造型都十分重視，六十多歲開始，兒子每隔幾年就會被公司派駐國外，因而開始與兒子的家庭長住澳洲、美國，即使這段期間才開始習畫，對空間的視覺感更加敏銳。家中牆上的掛畫、櫃子上的擺畫，都是她實地寫生或臨摹經典名畫的作品。美感，已經是她的家常。

「她說裝了扶手會很醜、她也不需要。一直威脅我不能裝……」小曼無奈地說起那段日子：「因為跌倒次數太多了！為了安全，還是得裝！為了讓他可以接受，得盡量挑順眼的。」

由於劉媽屬於嬌小體型、手掌也偏小，常見的無障礙扶手（管徑通常是3.5公分）對她而言還偏大，一般毛巾架就足以攙扶，為了符合於母親對於空間美學犀利敏銳的眼光，小曼跑遍各大五金百貨、家飾專門店，我找了好久，要好看、又要長度剛好，我連到台東度假都不忘去五金百貨找，結果終於被我找到啦！」

她指著餐廳一側的深古銅色的橫桿說：「這面牆用餐的人都會看到，不能裝太醜的，不然母親會不開心。」小曼強調，即使是毛巾架，還是要具備基本的堅固及安全：「兩端至少都要有二到三顆長螺絲可牢牢固定，確保安全。」千萬不能買吸盤型、或塑膠底座的。一般民眾若不確定是否安全，還是選購經認證的扶手較為保險！

即便花了這麼多心思，安裝扶手後，劉媽一開始還跟女兒賭氣：「哼，我絕對不會去扶它的！」

她寧可撐扶手上方的牆、作為無聲的抗議。沒過幾天，被小曼發現母親扶著新的扶桿，很順手的從浴室門口一路到房門外，「齁……碰到了、你扶了你扶了！不是說不扶的嗎？」，被女兒抓包，劉媽只好傻笑，自此以後這些扶手們 也順利成為被母親認證的官方小幫手。

拜訪數次，母女倆常這樣互虧、互相鬥嘴鼓，小曼常幽默的逗母親、母親則露出有點頑皮的可愛笑容，都讓我忍俊不住。

玄關門左側開小窗採光，小窗下方放置鞋櫃，並由母親選擇適合的布料、以活動簾子的形式稍作遮飾。

扶手規畫

考量動線停靠處與設計美感

大部分人想到扶手，都會聯想到公共場所的不鏽鋼金屬色粗粗的扶手。而且誤以為若是扶手就盡量要一氣呵成。但在住宅空間中，牆面轉折短而多，就算屋主不覺得不順眼，在施工上也會有難度。

因此若針對較小的居家環境，以及身材嬌小的使用者， 可以搭配較細的扶手，扶手兩端一定要各有兩根以上（最好三根）的螺絲固定於牆面，以防鬆動發生危險。

從餐廳廚房轉進臥室開始，順著動線沿路都設有扶手。此動線連接了主臥的浴室空間及床，串起了生活中使用頻率最高的三個空間。

1

1

餐廳牆上與臥房相鄰處所安裝的扶手，因屬開放空間，必須精挑細選。最後是在度假時於台東居家五金行找到可以裁切、造型又簡單雅緻的款式，才順利安裝。

2

從臥室邊角可清楚看出二次翻修後的動線變更。主臥、通用浴室、置衣間及房門都在同一側上，動線無需轉折也無路障。走進臥室、前往浴室的動線上需要轉身，因此也加裝扶手。浴室門的兩側加裝古典造型的門把，母親較能接受使用。

3

馬桶旁加裝活動式抗菌扶手，扶手可往上收，讓出他人扶持的空間。

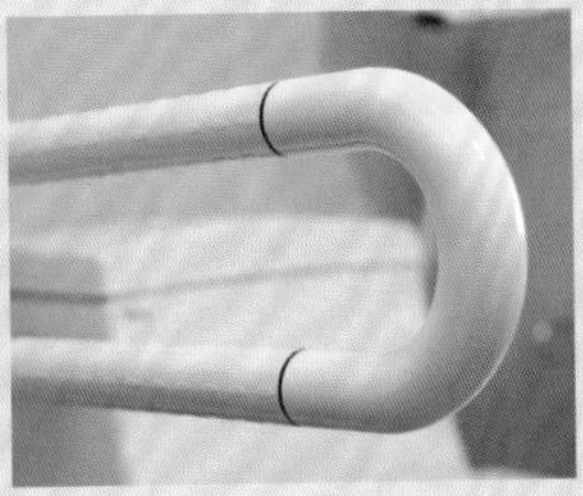

3

2

把窗戶壓低 即使坐著也可以看外面發呆

就像貓一樣，喜歡獨處的人，通常也喜歡靜靜的看窗外發呆。待在家裡，舒適的看窗外風景，什麼事都不做，是這對母女倆共同的嗜好。

我問劉媽，她最喜歡家中哪個地方?她指著自己正在挑菜的地方，也就是廚房窗前的位置，窗外的小窗台種滿香草植物，往右看是座小山。「坐在這裡可以看窗外，很棒。」劉媽拍拍自己膝蓋、接著拍拍桌面說，「我可以坐著整理蔬菜、還可以邊看窗外風景。」劉媽笑著說。

因為山坡地的關係，這一排的一樓高度，就是前一排住家的屋頂，兩排房子之間隔著馬路的距離，因此看得到藍天、樹叢及右前方的小山。「只要還有光線，我媽就很常坐這裡，就算看個幾分鐘也好。」小曼說，「右前方的小山會隨著季節變化，三月苦楝開花點綴紫色、五月白色桐花如飄雪，冬天也有幾株櫻花點綴。」

這面窗原本沒有這麼低，坐著根本看不到。「我媽腳不夠力，又愛看風景。我想幫她在家裡設計一個可以坐著往外看的角落，規畫廚房時，看動線跟功能性，就知道是這裡了。」不設落地窗的原因，是希望窗前可當做坐著的工作檯面，檯面下方不設櫃子，因此劉媽可以把腳放在檯面下，不會卡卡的。

1

2

3

4

聊著聊著，劉媽的注意力又被窗外風景吸引了。對有著藝術家個性的劉媽而言，窗是無價的精神食糧。劉媽放空後又可以交談自如。這面窗的重要性，就如同扶手一樣，只是窗戶扮演的是心靈上的撫慰，而扶手則是生理上的輔助。這兩樣缺一不可。

1,2 廚房櫥櫃高度吻合小曼及母親的身高。不必墊小椅子，連母親都可輕易拿到櫃子裡的餐盤。

3,4 可以坐著備菜、又能看風景的廚房工作檯，是最得母親歡心的角落。

尊重獨處習慣 設摺疊床及看護房

劉媽個性開朗陽光，但也極重視獨處及安靜的環境。雖然偶爾身體狀況不太穩定、要有人在旁陪伴，但如果一直近距離隨侍在側，還是會感到不自在，當然更無法接受照顧者（不論看護或兒女）睡在同張床上，稍微一點翻身、動靜，淺眠的劉媽就會醒來。

小曼深諳母親個性，在翻修母親臥室（也就是原主臥）時，悄悄的在臥室窗戶旁增設臥櫃。「這當然也不能讓我媽知道，不然她又要抗議了。」這臥櫃平常摺疊收著，寬度與柱子同寬、高度與椅子同高，可當坐櫃，偶爾母親也會坐在這裡做些小編織。

坐櫃椅面其實是兩片等寬木板疊著，折疊的設計，在需要時一攤開，就能成為一張90公分寬的小單人床，方便可以就近照顧母親。「第一次攤開坐櫃椅面時，媽媽才驚訝的發現，原來這也是一張床。雖然無奈，但也只能接受。」小曼俏皮的眨眼說。劉媽則在旁邊笑唸女兒每次都先斬後奏，但我想，女兒這麼用心、執行度又高，唸歸唸，內心還是會覺得暖暖的吧。

有時母親需要更多獨處的範圍，或者小曼比較晚睡，怕進臥室打擾到媽媽，這時就可以睡在看護房。

所謂的看護房，其實是小曼把狹長型的儲藏室發揮淋漓盡致的設計。她將儲藏室上方改造為高架床，床邊有小窗可以俯瞰到餐廳及臥室，以便隨時可以觀察母親的狀況。

「雖然這是看護房，但我卻很喜歡。它跟我小時候的房間很像，高高的、小小的，很像自己的祕密基地。有時在這待太晚，媽媽也睡著了，要攤開窗邊的摺疊床會把媽媽吵醒，我就睡這間。」

1 主臥空間方正，以母親床為中心，離三面牆的距離都有 90 ～ 100 公分，即使佇拐杖或使用助行器，都可順暢通行。

2 窗邊長坐椅，也是摺疊床，需要時可做為陪伴媽媽的小床。

看護房的設計

高架床，屋內動靜看得見

利用狹長型的儲藏室上方改造為高架床，床邊有小窗可以俯瞰到餐廳及臥室，隨時可以觀察母親的狀況。

1

看護房設有小梳妝檯及抽屜櫃，從右邊爬小梯子上去就是架床。

2

從餐廳看看護房的天花板小窗。

住得順心愜意 就是最棒的風格

陪伴老人家當然有其辛苦的一面，譬如偶爾突然要跑醫院治療、或者對某些事情（尤其是烹調）各持己見等，尤其母女倆都有藝術家性格。「好在從三十歲開始，我就用貸款購置不動產，強迫自己儲蓄，在社區又能買到鄰近的兩間房子。有各自待的空間很重要。**照顧長輩，不必住一起，住的近就好。一定要給雙方保留喘息的空間。**」

從事設計翻修的小曼，每天上工前會先來母親這邊看一下、喝咖啡吃早餐。傍晚工地結束，回家沖個澡，盡量回來和母親一起吃晚餐。

「最照顧最孝順的兒女，反而是被父母唸最多的那個。」這是很多親身照顧過長輩的內心話。

針對父母年長後、有時一時情緒失控脫口而出的言行，我問小曼如何面對？

也許是人生歷練豐富、對許多事情變得容易放下。五年級中段班的小曼，對母親的碎唸或氣話，較能雲淡風輕的釋懷。「就當耳邊風，吹過去吧！我們一定要很清楚，父母一路辛苦過來，把我們養大，也承受過許多壓力。年紀大了，情緒較難掌握，多少會有點囝仔性，把他們當小孩子照顧吧！想想我們小時候，不也曾對父母說過一些惡毒的話嗎？」

以包容取代忍耐，小曼巧妙的適時提供母親慰藉與陪伴。同樣在乎空間美感及獨立自主的尊嚴，她也能理解母親明明行動不便，卻仍抗拒扶

第一次裝修時，練琴區為架高平台，但鋼琴日漸少彈。第二次翻修時，小曼拆掉平台、與客廳區拉平，讓母親可以方便待在窗旁，觀看風景。

手、不想要有看護床或無障礙浴室的原因，因此盡量以尊重母親的形式進行改造。

但在我看來，小曼的生活也少不了劉媽的陪伴，她們既是母女、也是好姐妹、好朋友。前一刻兩人還在爭執湯圓要加多少糖、過一陣子兩人看到電視上的美食節目，又開始討論要怎麼做。

前一刻小曼還在笑劉媽的固執，但下一刻又稱讚劉媽餐桌擺設、植栽照顧的用心。看著這對母女的互動模式，感到既優雅又幸福。

我們邊說笑邊吃著小曼自製的蘋果派，劉媽又看往窗外風景放空了……

住家面南，晴天的時候，中午以前都有陽光照進前院跟客廳前段。

Point

1

創造熟悉的靜默角落

不論在哪個國家旅居，母親只要有一個小場域提供她沉澱、放空的片刻，就會感到放鬆心靜。小曼藉由第二次翻修，善用窗景來營造這靜默的角落。

◎角落一 . 日光落地窗

從清晨到中午，陽光會慢慢的照進來，照到落地窗旁的椅子上。母親與小曼吃完早餐後，有時會待在這裡嘎咕或者閱讀書報。

◎角落二 . 廚房發呆窗

在建築物北面中間段，原本只有開小窗，為了讓母親即使坐著都可以賞景，將窗戶拉低到離地約 75 公分的高度，不但可以發呆也可以備菜，同時滿足了母親的兩個嗜好：放空與料理。此改造獲選為劉媽最愛角落第一名。

母親的心靈療癒元素

私角落＋作畫＋
種菜與料理

營造長輩熟悉、容易理解的親切環境，感受到「新家有老家味」是十分重要的！

劉媽長住國外，雖然過去短暫回台也是住這，但跟現在每天住的感受又不同。除了讓母親容易在家行動的基本生理需求外，也要兼顧心理的需求。

Point

2

擺放母親畫作
與美好一起生活

走進家中，視線所及的畫作，都是出自劉媽之手。母親寫生、臨摹不少作品，小曼用心挑選出好幾幅，搭配合適的圖框裝置在家中各空間。

Point

3

和女兒一起做菜，享受料理的撫慰！

廚房是劉媽的重要活動地區，便利設計的廚房讓劉媽也能自在安全的在這裡準備食材、和女兒一起鬥嘴做菜。陽台也是一個小農場，打開窗就可以採集到自己種的辣椒，曬衣區也種植香草，讓母女隨時採用。從關東煮到蘋果派，每次造訪都可以吃到不同的拿手好菜。

▶斷捨離理解重點
從自己物品開始捨棄
從擇物中學習尊重自己
從斷捨離發現幸福元素
全職主婦更要有好心情
適合的生活≠完美生活
視覺斷捨離色系統一

屋主年紀

◗ 40+

從 40 歲開始，幫生活/人生減重

從現在開始，簡單再簡單
創造簡單樸實的熟齡人生

平常我們或多或少會因購物或輕微囤積，一點一滴累積，造成家中物品雜亂。隨著年紀越大，越無力解決、無心面對，甚至最終淹沒在雜物之中。透過拜訪執行斷捨離邁入第七年的奈麗，感受她生活與心境的轉換、更能體驗到簡單生活的幸福！

根據許多設計師的經驗分享，通常房子最清爽的時期，是翻修後、入住前。他們開玩笑說，如果要拍作品集，一定要趁屋主入住之前搶拍，一旦入住後、各種日常生活用品、突兀的家具家飾，很快就佔滿家中各個角落、回不去了。我其實蠻認同設計師們的說法，直到拜訪奈麗位於新北市泰山的家，上述的既定印象被推翻了。原來，一個住了五、六年的家，也是有可能像新家一樣簡潔、一樣舒適！

整個空間徹底執行白色與自然色系的混搭，視覺上直逼日系的最小限主義。客廳及餐廳桌面，在沒有使用的時候是完全空著的，遙控器有專屬的位置，在電視櫃下方的抽屜裡。

「這是你們家平時的樣子嗎？全家人都會乖乖把東西放回原位？」

1

我半信半疑的問道，依照以往經驗，只要前往採訪拍照，屋主都會大整理一番，這是人之常情。

「對啊，大家都已經養成習慣、一切都像反射動作般流利～今天你們來之前，我頂多只有拖地而已，拖地也是我日常家務的一部分。」奈麗說話甜甜的，帶點小女孩的語調，給人好心情，「不過這只限公共空間，小孩的私人房間就任由他們自行處理，要亂要整齊，我都沒意見。」

從工程師轉為家庭主婦，一時陷入困境

奈麗跟老公都是台南人，在原本的台南老家，她原本是沒有斷捨離的概念的。「台南公寓自宅很大很空，雖然我沒有囤積物品的習慣，家中雜物其實也不多，但黃、綠、紅、黑……各種色系穿插在家中的各個空間，看起來就像一般家庭的景色。」我看著奈麗台

HOUSE DATA

▶ **屋名** 奈麗的家

▶ **居住成員** 夫妻、兩個小孩

▶ **格局** 客廳、餐廳、廚房、主臥（含洗烘衣間）、小孩房 x2、客房、浴室、陽台 x2

▶ **坪數** 約 40 坪

▶ **結構** 公寓

▶ **奈麗的粉絲團** 《尋美。不循美》

1 一旦分得出需要與想要，並且維持物品（遙控器、衛生紙）用完就收好的習慣，房子即使簡簡單單、沒有裝潢，也可以隨時呈現簡潔好看的狀態。

2,3 因格局的關係，客廳與餐廳位於斜對角。全家以白牆為主調，白牆無意中也成為空間中的框景。

1 運用家具店販售的象牙白相框組與白牆相搭，把家人的照片放在客廳走道牆上。

2 客廳書櫃，部分留白。裝飾品只放旅行中或生活中，「現階段」有感受的物品。會隨時間移除或更換。書櫃中也只保留「現階段」對自己有用的書籍。

南老家的照片，就是介於小亂但又不到雜亂的程度，其實狀況比一般家庭還好。

那麼，奈麗又是如何讓住家從「一般家庭」進階到「簡單生活的家庭」呢？

「這說起來，應該跟我的心境及情緒有很大的關係。身為標準處女座的我，有種想要一切事物都在掌控之中的傾向。」大學工業工程系畢業的奈麗，出社會就在桃園進入電子產業擔任生管工程師。工作內容主要是要透過生產計畫排程，讓業務的訂單可以順利出貨給客戶。過程中必須整合各部門，解決衝突、處理突發狀況、檢討產銷失衡的原因並追蹤改善。目的就是讓生產部門可以順利製作出客戶的訂單需求。

那時候她只是個大學剛畢業、二十四歲的小女生，要面對許多經理級的各部門高層意見並溝通整合，處理每個月產量幾十萬、產值上億電子產品的生產計畫。

努力三年的工作經驗進入軌道，主管也有意升她為副理時，奈麗卻在此時聽從長輩安排同意結婚，並配合老公生活主軸搬回到台南。從有穩定

2

1

收入、忙碌又有成就感的職場，轉換到以家庭為重、凡事老公小孩優先的家庭主婦，奈麗以為只要換個心境就可以輕鬆達成，但處女座力求完美、掌握全局的特質，卻讓她一時之間陷入困境。

山下英子的斷捨離，是轉念契機

「如果有充分資源讓我發揮，是一件開心的事。但回歸家庭是截然不同的生態。我沒有收入、老公有房貸，家用花費有預算限制，我一直無法把家控制到我想要的狀態，也許家人都覺得現狀很好，我卻在家中處處看到不完美的地方。」婚後很快就懷有身孕，她把重心放在兩個學齡前孩子身上。在有限的預算內，她精打細算買童書、童衣、玩具，透過少少的、便宜的、二手的物品，讓自己既滿足購物欲、同時也幫家裡省錢，達到某種程度的成就感。

孩子的物品越來越多，奈麗一度期許自己要成為收納清潔達人，開始大量閱讀各種收納相關書籍。「我買了很多塑膠收納箱、三層櫃、四層櫃……當時的心情是，能把所有物品全部收到櫃子裡、箱子中，就很有成就感。奇怪的是，**箱子跟櫃子似乎永遠都不夠，我總覺得我還少一個櫃子！**」

每當奈麗又想買新的櫃子，就會被老公反對，老公認為家中櫃子已經很多很滿了，根本不需要再增加。老公雖反對、卻沒給予建議

廚房選擇容易維護清潔的不鏽鋼檯面，牆面則使用好擦拭的玻璃材質。在櫥櫃下方安裝橫桿，就能運用 S 掛勾，彈性增減開放型置物架。

流理台檯面是我看過少數沒有閒雜物品佔用、色系又維持一致性，雖然是基本款式的廚房，透過如是的清爽少物，可明顯感受到奈麗想呈現的生活質感。

或認同。當時這種不滿、無法掌握的無力感，一點一滴的慢慢累積在奈麗心底。最後，造成她崩潰的最後一根稻草，也是跟收納有關……

「某年換季時，我從床底下、床頭櫃、衣櫃、抽屜櫃等挖出所有的衣物，換了兩周還無法完成換季，覺得很崩潰！為什麼我跟小孩有那麼多衣服了，還是老覺得不喜歡、不滿意、還想買更多？」剛結婚幾年的夫妻，總有一段磨合期，衝突零零碎碎，彼此還無法釋懷，「當時一直覺得老公根本不理解我！老是反對我買的衣物、嫌棄我、處處跟我作對！我為了這個家犧牲自己的大好前程……好多負面情緒與壓力一起在腦海裡炸開了……」

來自台南的傳統家庭，母親的回應就是為人妻要忍要認份，奈麗只能透過網路、找年齡相仿的社團求援，「當時有個 BabyHome 親

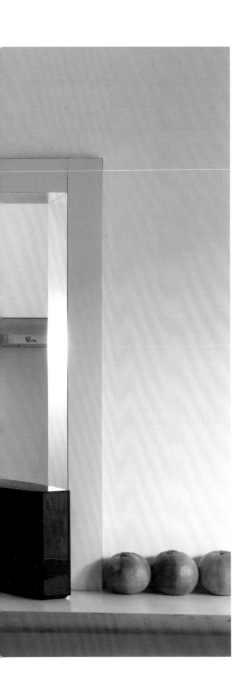

做事力求完美的奈麗，音樂是每日的精神食糧，邊做家事邊聽音樂才有好心情。

奈麗的廚房簡化術

色彩統一＋物品分區
＋櫃中物件三分滿

1

適量餐具，色系一致

碗盤數量大多維持在2～4個，並且盡量讓色系統一。唯定期來訪的親友熱情贈送的碗色系太過突兀，需用淺色布稍蓋一下。

2

堅守三成滿原則

另一櫥櫃放置收納盒及咖啡茶飲類的工具。都維持在不到三成滿的狀態，打開櫃門就一目了然。

3

調料專區不零亂

油鹽醬醋等調味料都不重複，用完一罐再買新的，不會有用到一半就忘記用的情形。常用的炒菜鍋洗好直接放在開放的置物架上風乾。

4

清潔包裝容器、色系規格化

洗碗槽下方空間，放置廚房的清潔洗劑及用品。清潔劑包括小蘇打、檸檬酸及清潔粉等，皆以同樣白色透明的容器來裝，表面再貼上標籤即可。

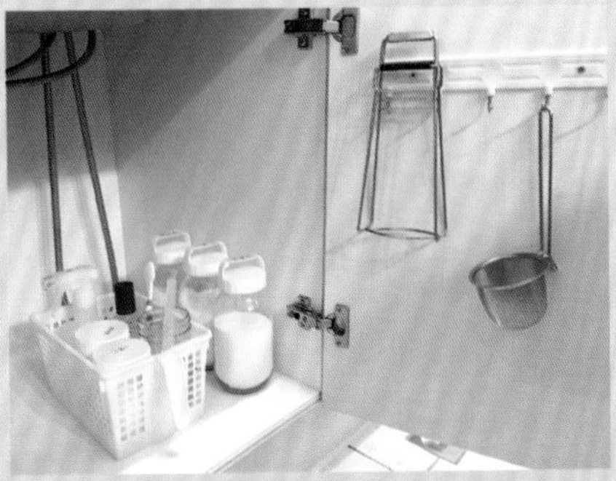

子討論網，裡面有個網友推薦《斷捨離》一書，我看完之後，有種開竅的感覺，然後起心動念開始執行！第一個下手的對象，就是衣服、然後是餐盤！」

家中物品須是白色或透明，視覺上也斷捨離

依照山下英子的說明，斷捨離的核心即「**斷絕不需要的東西、捨去多餘的事物、脫離對物品的執著**」，執行初始很容易，奈麗開始挑出不需要的、多餘的。從衣服到餐具，她發現，原來丟東西可以如此暢快，**多年來的不滿、不悅，在一件一件被丟掉的多餘衣物中也一併丟掉送出了**。她這才領悟到，以前覺得衣物換季很辛苦，是因為只是機械性的把衣服從衣櫃換到箱子、從箱子再移到衣櫃，卻沒去分辨衣服已經太小、太舊、不會再穿，只是為收而收。

「這些不適合的、多餘的衣物丟掉之後，我空出好多收納箱、三層櫃，最後，索性連這些紅紅綠綠的箱子、櫃子也都丟了。」顏色鮮豔的收納櫃丟掉之後，意外發現看起來清爽好多！於是奈麗決定，之後若有添購新的物品回家，色系必須是白色或者透明的，以達到視覺上美的享受！

1 即使是小小一張梳妝台，也盡量保持桌面淨空，生活用品僅留衛生紙及乳液。牆上照片為奈麗與老公旅美時一景。

2 長寬約 5x5 公尺的臥室，雖然空間很大，但奈麗並沒有要擺好擺滿的意思。整個臥室只放了一張雙人床、一個雙門六抽衣櫃、一個矮櫃及梳妝台。由於家具店是長輩指定，故僅能盡力從該店選擇最可接受的款式。臥室外的陽台面南，故充當曬衣間。

3,4 浴室裡面沒有加裝過多櫃子，僅安裝簡單的不鏽鋼毛巾架及置物架。其他則用無痕掛勾放置需要的用具。

5 梳妝台抽屜拉開，裡面是奈麗所有的保養品與化妝品，每件物品都有它的位置。

6,7 每天洗衣、加上謹慎添購衣物，奈麗與老公共用衣櫃，仍可保持衣櫃在五成滿的範圍。

1

2

3

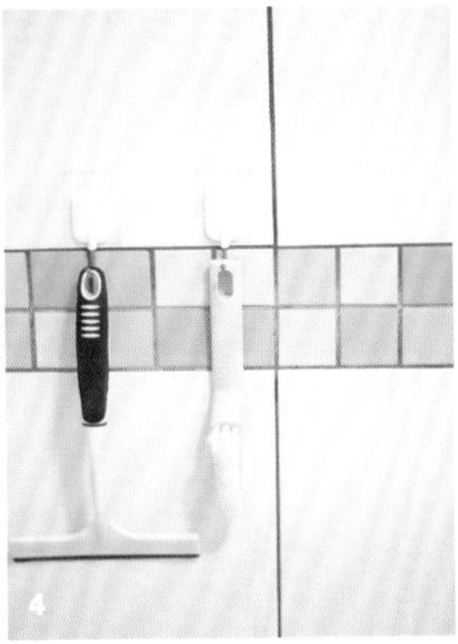
4

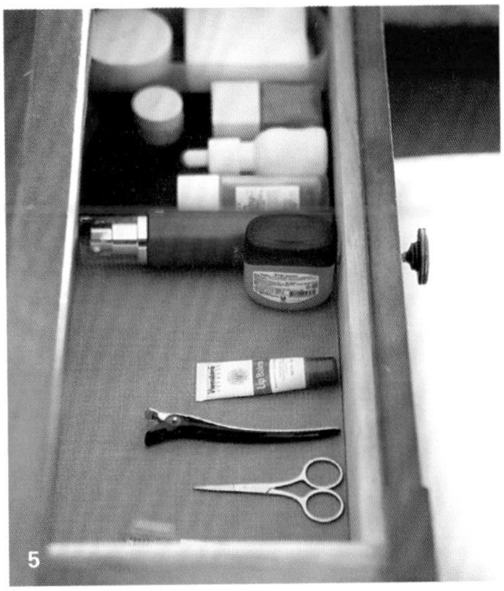
5

6

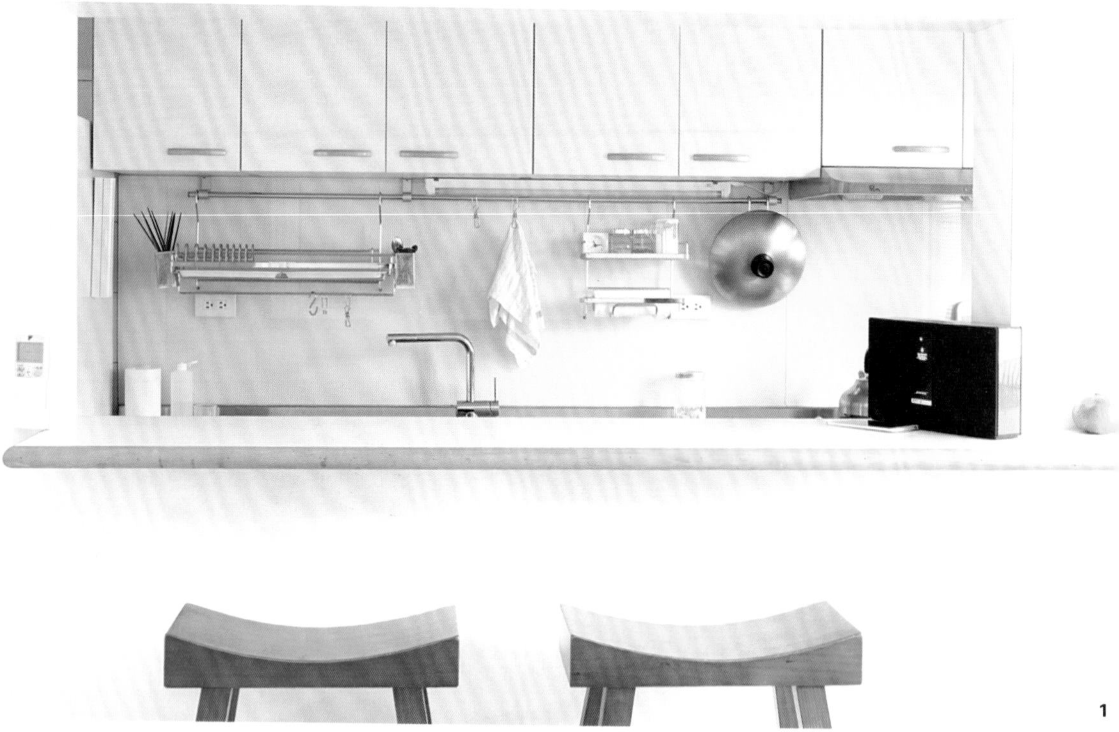

1

正視盲目購物的罪惡感

奈麗說：「丟的過程，有些物品對我來說也有很大的障礙。諸如，很貴、近乎全新、來自長輩好意的物品……等等。這些我都先放一邊，先把容易丟的處理掉。」一開始，一定沒辦法一口氣丟完，有些即使沒用到卻也捨不得丟的，就暫擱一旁。

她說，印象中處理過最貴最新的物品，應該是從歐洲扛回來ＷＭＦ的壓力鍋。「我很少做燉煮型的料理，平常都做比較家常的，加上這鍋非常重、價格又貴，在使用上、清洗上就得格外小心珍惜。反而慢慢變成一種負擔。」諸如上述原因，這夢幻 magic 的壓力鍋，一年用不到幾次。又因為覺得珍貴，始終裝箱保護著，巨大的體積，廚房放不下，只好放床下，這樣一來就更不會用到了。每次看到床底下的那箱全新壓力鍋，壓力都上來了，過幾年，終於決定把鍋處理掉，幫它找個好歸屬。

斷絕不需要的東西，包含「斷絕他人轉移過來的愧疚感」

斷捨離的過程中，最容易產生的是愧疚感。

曾經，在客廳書櫃裡擺了一整套令她傷腦筋的百科套書，那原本是老公小時候的書籍，當時婆婆花了好幾萬買下的兒童科學百科，在當時算是巨款。隨著時光流逝，老公長大、這套書提供的知識，有些也過時了，勤儉持家的婆婆想到當初花這麼多錢，捨不得丟、但也不想見到它，於是這套書就流浪到奈麗家，默默的堆放在書櫃最底層。這就是所謂的愧疚感轉移。自己不願意丟卻也不想要，於是轉給其他人。

這讓我想起在台中遇到的個案，一位八十多歲的阿嬤獨居在兩層樓的老屋中，膝蓋不好的關係，她平時都在一樓。除了她自己的臥室及客餐廳外，一樓跟二樓其他房間，都堆滿雜物，四處是厚厚的灰塵。一問之下，都是四個兒女的東西，他們各自在外地成家，但捨不得丟的，就都丟回老家，反而讓老母親的家更擁擠更不健康。

我在此要提醒讀者，家中不要的雜物，不要因為捨不得丟、有愧疚感，就轉到其他親友家（除非他們剛好需要），尤其是不能轉交給沒有能力處理雜物的老人或有囤積癖好的人。

2

1,2 廚房與餐廳原本隔著實牆，奈麗的老公在不影響到結構的狀況下，在牆上開了一道矩型開口，這關鍵性的改變，讓廚房與餐廳的氛圍開始流動，端菜、聊天都變得更加隨性。

因為先前的經驗，讓奈麗理解到，每個決定，都是自己的抉擇。既然是自己的決定，就要自己承擔風險。

「我們都太害怕做決定、害怕錯誤，但是，人生中需要不停的決定與決策才能前進。現在，我在做決定之前，會思考是否能夠承擔失誤的風險？如果可以，就做吧！最糟糕不過如此，是我可承擔的！」這樣的思維方式，改善奈麗猶豫不決的習慣，同時對新物品的添購也更加謹慎。

謹慎不代表就不會犯錯，但比較清楚可以分辨是衝動還是需要。「目前我仍卡在自己沒有『金錢自主』這關，優質的物品，如３Ｃ筆電、立體音響等，我仍會想要，但現在我會尊重老公的預算，在還沒與老公達成共識之前，我不會輕易出手。」奈麗說：「幾百元的生活必需品，我則會以有進有出為原則，待淘汰舊品才會出手買新品。」

香港作家不朽曾說：「臨暮的時候，你是眷戀夕陽的離去，還是盼望著星辰的降臨？」

其實只要你願意自己成為怎樣的人，你就會看見怎樣的世界。

《奈麗流》簡單空間營造小整理

方便拿取與放回＋減少收納用品

◎捨棄多餘物品，才能讓美好進來

當徬徨、不知如何取捨時，那是因為都聚焦在物品本身（很貴、很好、有某種意義），建議要把軸心拉回自己才能夠看清。

◎置放物品以容易「拿取」及「放回」為原則

當日常用品好拿好放的時候，就不會在桌子或任何平面上定居下來。比較容易維持空空的桌面。

◎東西沒有好壞只有適合與否

山下英子說：物品要使用才有價值、物品在每個當下都要適得其所、物品要在最恰當的地方才顯得美麗。

◎沒有盡力斷捨離前忍住別買收納用品

不要陷入因東西太多而狂買收納品的迷思。多餘的東西必須被看見、被剔除，而不是收起來視而不見。

以白牆為襯，擺放簡單的裝飾或燈飾，生活就很美好。

3

1

4

2

從現在到老後，都能自在、樸實的面對人生

和奈麗聊得開心，一下子就到中餐時間，她熟練迅速的煮好簡餐，我們繼續邊吃邊聊。「我們的生活，會隨著人生不同階段而改變。我的人生階段從單身、結婚到身為人母……。未來，孩子可能會離巢，我也想藉由興趣延伸出不同的生活重心，也許是寫作、也許是外出工作。最終想將生活重心聚焦到自己身上。但這一切不設限、也不會勉強。」

至於財務方面，目前收入來自老公上班的薪資、以及台南老家的房租。奈麗家採取的是強迫儲蓄法。每個月的收入，一定先扣掉定額的儲蓄之後，剩餘的才是當月的花用。「目前我們的被動式收入是台南房租，主動式收入是上班薪水。一旦沒有上班，就沒有薪水，基於這種警惕，強迫儲蓄法是必須的。」奈麗說明：「將來即使退休金額有限，也能夠讓我們免於經濟壓力太過沉重。」

簡單的生活，也可以進而幫助簡化生活中的事情、工作與人際關係。我們在變老之後，會漸漸不想去處理複雜、或者被迫以無奈的方式去接受。「我希望從現在到老後，都能從容自在、勤儉樸實、誠實的面對人生。要達到這樣的目標，我認為斷捨離是最基本的。」

儘早在四十、五十歲之前就開始練習斷捨離，慢慢聚焦在自己舒服的生活方式、並創造出簡潔的家，這會對老年生活有很大的助益！

1,4 從餐桌往窗外看，是一整片的綠意，這也是當初奈麗鍾情於這間房子的主要原因。因為這片自然林，讓一家人即使位於新北市也能夠近距離看到貓頭鷹、松鼠、聆聽蟲鳴鳥叫。

2 由於全家人飯量多寡不一，飯鍋是唯一放在餐廳的食用電器，讓全家人在輪流盛飯時有足夠的空間。

3 接近中午時分的餐廳一景。餐廳是全家人一天兩餐（早餐與晚餐）的空間、廚房更是時常進出的空間，卻隨時保持著簡潔如新的狀態。

冰箱斷捨離與食材的保鮮

少量購買+
分類整理+
紙巾超好用

1

分類冷藏法

從菜市場買回來食材之後，整理好分裝到保鮮盒冷藏，直到要煮之前再拿出來水洗。

2

紙巾保鮮術

保鮮盒上方鋪一層紙巾，可以調節盒內蔬菜的水氣。

拜訪當天，在奈麗家享用了簡單輕鬆的中餐。也領教到奈麗除了居家物品陳設都很簡練外，連做菜也以簡單爽口的家常菜為主。從他的冰箱整理，也可以一窺奈麗的持家祕訣。

3

簡單烹調更省時

中餐通常一個人吃，簡單的煎蛋搭配兩樣蔬菜，以及一杯紅茶，清爽無負擔。從洗菜到上菜時間也只需花費 15 分鐘。

4

1～2日食材購買原則

即使是每天都煮飯，冰箱冷藏櫃東西依然不多。奈麗通常只買一兩天之內要煮的食材。冷凍庫通常保持淨空，尤其是接到奈麗母親即將寄來愛心食材的通知的時候。

▶家空間改善重點

- 格柵設計 化解路沖
- 聰明設備 力抗鄰居油煙
- 半戶外廁所 內移不怕著涼
- 改門位減低 車流噪音
- 閒置天井變 景觀庭院
- 一樓增設 照護臥房

屋主年紀

40+

家的第二次改造，新家感一次住到老

8 年的家，改門換位避車流噪音，
安裝進氣設備，解決防火巷油煙的不適

為了就近與雙方父母有所照應，阿瑤與小郁從近郊搬到市區。在搬進來之前，房子雖已經做過基本的翻新整理，但住進去後一點一滴感受到諸多不適。住了八年後，將累積的問題，透過設計與格局重整來解決，意外創造出新家感，並成為他們心目中適合住到老的家！

從頭份交流道下來，稍微轉個彎、就從原本嘈雜繁忙的大馬路轉進悠悠巷道。抵達的當時，大約上午十點多，暖陽照在整排住宅，不必對照門排號碼，一看就知道我今天要拜訪的房子是哪一間。

阿瑤與小郁的家，是一間前段雙併、後段連棟的住宅。為方便夫妻倆的車都能停進家裡，他們把舊有的停車門、小門全部拆除，整合成單一大鐵門。從外觀看過去，給人寬敞大戶的視覺效果。走進屋內，兩面開大窗的客廳，儘管面積只約五坪，卻很清爽舒服，「常有鄰居及朋友來我們家自拍或拍小孩，背景很好取景喔！」小郁開心地說。

先生阿瑤是一位工作認真、四十多歲的上班族，很有親和力。太

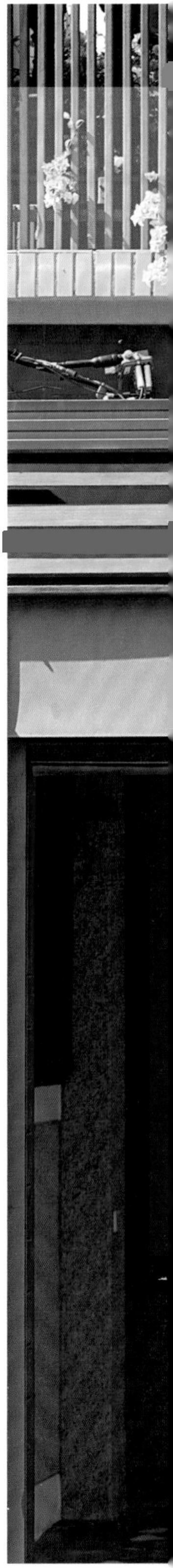

HOUSE DATA

- **屋名** 自然宅
- **居住成員** 兩大兩小
- **格局** 1F 一車庫，玄關，LDK，曬衣間，浴室，多功能工作室

  2F 一主臥，小孩房 x2，浴室
- **坪數** 1F 含車庫 32 坪，2F 含陽台 20 坪
- **結構** 1F、2F 加強磚造 +3F 舊增建
- **形式** 連棟住宅（前段雙併）
- **屋齡** 約 30 年
- **設計師** 讀設計事務所 Only & NiKi

太小郁身材嬌小、長相甜美且聲音柔柔的，很享受她說話時的輕盈語調。阿瑤和小郁育有兩個可愛的女兒。原本全家人住在頭份近郊，那是阿瑤自地自建的寬敞獨棟透天。

據孩子們形容，以前的家空間很大，客廳是現在客廳的兩倍，大到可以跑跳躲迷藏、擺腳踏車。小郁笑著說：「舊家面積太大，常常掃完這一區，另外一區又開始積灰塵了。」阿瑤則說：「舊家的客廳大到得選擇最大最大的沙發組，而且是『三・二・一』一整組的美式沙發，填進去客廳之後，才覺得不會太空。」

在近郊自地自建的房子大約住了五年，考量到孩子逐漸長大、需要較佳的教育資源與環境。阿瑤說：「加上我們雙方的父母都住在頭份市區，兩家之間的距離騎機車十分鐘內就會抵達。如果我們搬到市區，找到雙方父母之間的中間點，騎車、甚至步行五分鐘左右就到達，這樣會比較好互相照應。」於是，他們開始尋找符合條件的房子。

4

3

2

1, 3 外牆處加設木格柵使建築物有整體風格。

2 原本車庫只能停一輛車，重新整合後一次可停兩輛車，還有足夠行走空間。

4 車庫也是住家的前廊，將上方遮陽板換成玻璃透光，採光更為充足。車庫側邊的格柵門，隱藏著大門通往車庫的次門，完全關上時外人很難看出是入口，保有住家隱私性。

因預算有限，阿瑤與小郁以中古屋、老屋為選擇範圍，在二〇〇六年終於確定物件。阿瑤說：「這條街的住戶都住很久，很少有房子售出，大部分住的是公教人員，社區氣氛不錯。」更重要的是，從這裡走路五分鐘就可以到岳父母家、騎車三分鐘也可以到自己父母的家，地點很理想。

由於前屋主把房子維護得不錯，格局方正，沒有太多需要更改的。在成交之後，阿瑤只有簡單翻修頂樓、浴室及小孩房，沒動到格局就帶著全家人入住了。當時老大五歲、老二則剛出生不久，這間市區的房子，雖然比自地自建的還要小，但生活機能方便了許多，也讓夫妻倆很慶幸及早做了這樣的決定。

住了八年後，決定再一次改造

採訪當天，我們是聚在一樓餐廳喝茶吃點心聊天。我坐的位置，可以透過小窗看到門口的天井植栽與自然採光，令人心情愉悅起來。即使被樓梯空間佔掉一半，餐廳只有小小的約兩坪左右的活動空間，但不論坐哪個位置，視線都可以延伸到其他空間。

住了八年之後，隨著生活的積累，開始發現空間中的許多不便之處：廁所位置動線不當，孩子長大需要自己的房間，前有車輛排放的廢氣、後有鄰居們的油煙味。他們與設計師費了一番心力，兼顧舒適度與預算，才調整成目前理想的住家。

一樓客廳及餐廳朝向小天井的窗戶既寬且長，**不論什麼角度都可以看到天井的綠色造景**。「原本這個小天井是用來堆積雜物的，平常連看都不會看一眼。現在窗戶變大了，家中好像多了一幅會隨著日照、四季變化的畫。」開窗搭配造景，很有意境，阿瑤捨不得放電視擋住視線，決定裝設投影機。沒有電視，也改變了全家人的視聽習慣，孩子不會一

1

回家就打開遙控器，反而會先到餐廳廚房與媽媽聊天。

至於客廳，則將朝馬路的大窗外推，改成外推窗架高平台（nook），高度正好可以讓小郁坐在上面練吉他。當天小郁彈奏正在練習中的張懸的〈我的寶貝〉，全家人坐在沙發上搭著唱，在我看來，突然覺得這整個客廳、窗台、光線與質感，似乎就是為了這個完美的片刻而存在著。

1 原本安裝在客廳與餐廳之間的隔牆拆除，使客廳與餐廳整合成起居空間，增加空間的流暢度。

2 客廳朝車庫的大窗外推，改成外推窗架高平台，猶如沙發區的延伸與擴展。

3 沿著沙發後方牆面施作深約 30 公分的淺櫃當做書櫃，並以簡單的天花板間接照明及吸頂燈作為客廳主要照明。

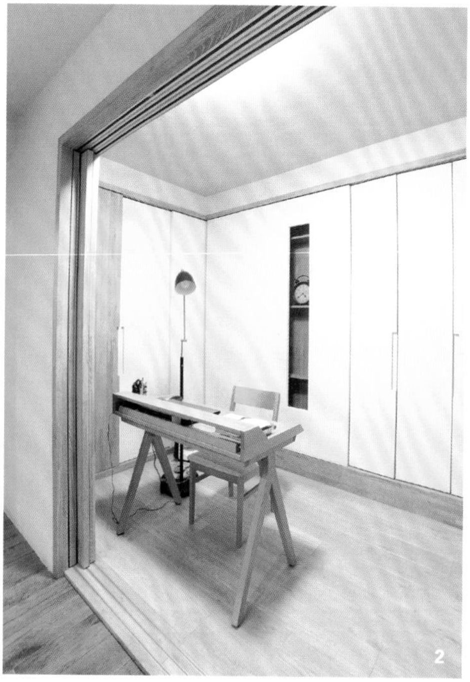

從客廳經過餐廳來到房子後段的廚房，可以看到廚房對面是多功能個室，它平常是小郁的書房及工作室，但牆面藏有可下掀的床箱架，必要時可以往下放置，就可以成為臨時的大型雙人床。「這是我要住到老的房子，若有突發狀況，一樓一定要具備可以臥床的空間。」小郁說，她近期膝蓋受過傷，更覺得臨時床的重要性。「之前運動傷害，導致膝蓋關節出問題，每走一步都很痛、更別提爬樓梯了！」而且這個可以充當臨時臥房的空間，完美的達成了照護三角動線，旁邊就是廚房、側邊也有浴室，不論是取水、做營養餐或如廁都是幾步之遙。

1, 2 一樓後方的房間，如今改造為小郁的工作室及書房，牆面上有做整排書架。其中兩個書架是多功能，使用足夠堅固及厚度的木心板。搬下來後，反面可充當作臨時床架使用，寬度足夠做大單人床。

3 以前餐廳是放傳統大圓桌。現在換成方形長桌不但用餐舒適、每邊也可以充分利用。

3

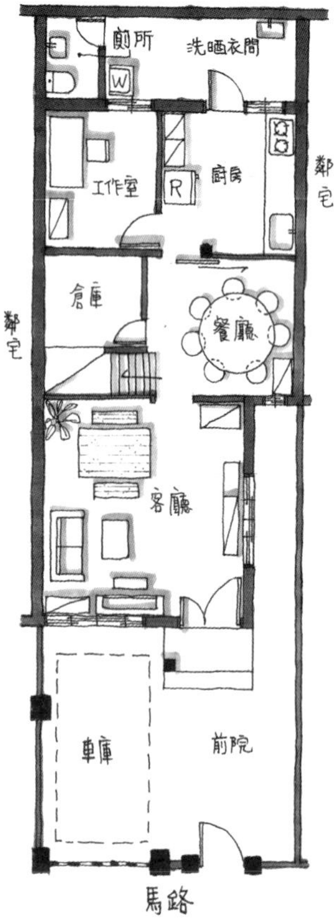

Before平面示意圖

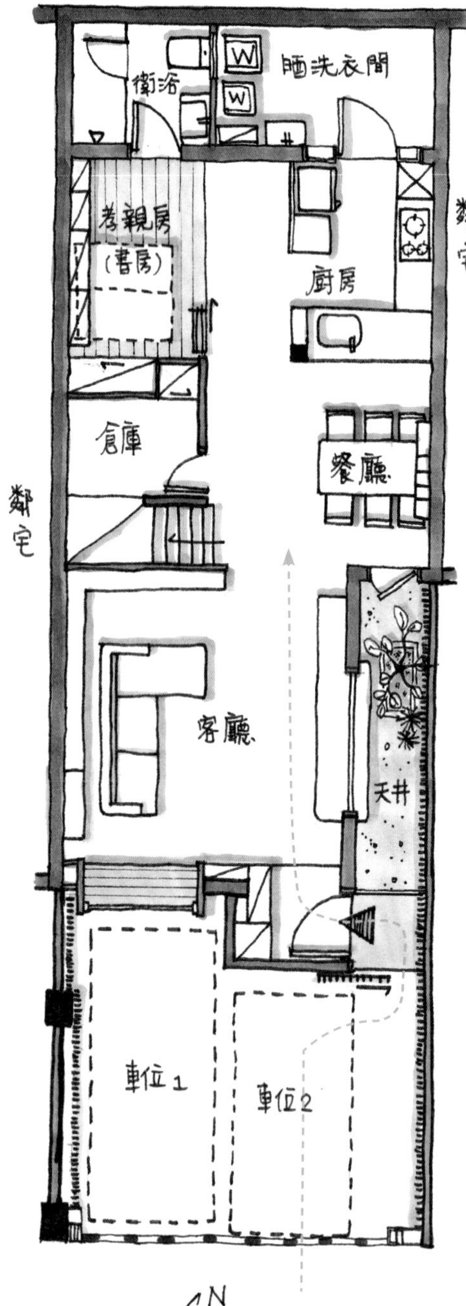

After平面示意圖

進門的動線

2F

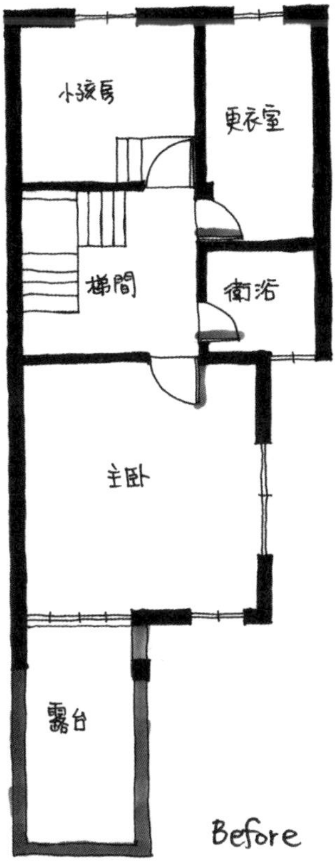

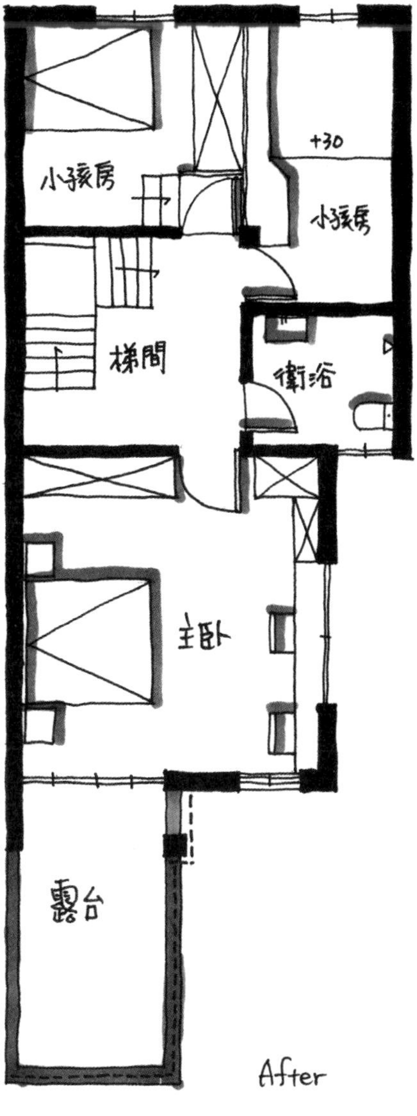

Before

Before

廚房 BEFORE：以前的廚房是一字型面壁，冰箱放在對面儲藏室門旁。廚房門外是晒衣間及前屋主在初期增設的廁所。

房子要住進去之後，才慢慢發現問題

阿瑤是客家囝仔，個性勤儉、只將錢花在刀口上。居住空間的不便，基本上都與家人忍了下來。我很好奇的問他，為何在住了八年後會有翻新房子的念頭？

「房子都是要住進去之後，才會慢慢發現問題。」阿瑤說。

搬進去沒多久，就發現入口太小，車子不但只能停一輛，門口的電線桿還會造成倒車的困擾及出車的阻礙，只要一個不小心就會擦撞到電線桿。「我一直以為電線桿是無法移除、有在使用的，後來仔細觀察，整條道路以及鄰居門口，都早已沒有電線桿。原來這條巷子早已電線地下化，而我們家門口這支電線桿，主要是被第四台公司拿來固定電視線的。」阿瑤於是得以順利移除它，倒車入庫從此方便許多。

另一個問題，就是「空氣品質」，市區家與近郊舊家的新鮮空氣有很大的落差。

還未改裝前，這個房子離交流道即使已經隔了一排房子，但還是可以聽到車水馬龍的聲音，有時由於風向的關係，甚至會聞到車流的廢氣及汽油味，此外，房子後方的曬衣間，由於和鄰居的房子是背對背，在中午、晚餐時段，各家炒菜的油煙味，會瀰漫整排防火巷，久久難以散去。

1 餐廳 BEFORE：改造前，餐廳空間有限，圓形餐桌在狹小空間中造成難用的畸零邊緣。

2 過去廚房的櫥櫃一律面壁，現在流理台的部份朝向餐廳，餐廳與廚房之間的隔間打開部分開口，增加空間對話的可能性。

3 平常一桌四椅具足，親友來訪時再從倉庫拿出備用椅。

一開始他們完全沒想到會有油煙的味道，因此在屋頂安裝通風球（傳統的旋轉香菇頭），原意是為了讓曬衣間空氣流通、濕氣順暢散去，結果竟然變成：每到用餐時段，鄰居們煮菜的味道都會透過通風球飄進來。進行翻修時，針對這狀況設置了百葉窗通風塔，需要時可通風，當外面的異味出現時也可閉闔阻擋氣味（參見第167頁）。

2

3

除了外在環境的干擾，在空間格局方面，也有諸多需要調整的地方。

像是一樓廁所位於房子最後端，每次都得先從廚房後門出去、經過半室外曬衣間才能到廁所，不只不方便，每當寒流、刮強風或下大雨時，去上廁所都擔心著涼。二樓廁所翻修好之後，大家寧可往上跑，也不願意再去用一樓的舊廁所。

此外，二樓原有的主臥室緊鄰著道路旁的陽台，「搬進來後，有陣子我們常常意見不和，後來請風水師來家裡看，告訴我們主臥陽台的落地窗，正好位於路沖，應該要將它完全封閉而且不能透光。」阿瑤與小郁選擇寧可信其有，於是，落地窗非必要不打開，還掛上厚重的遮光窗簾，只是如此一來，即使主臥位於向陽方位，仍終日不見陽光。

這些林林總總的狀況，都是讓他們決定一口氣進行第二次翻修的關鍵原因。

1, 2 一樓的廁所原本需走出廚房後門、穿過曬衣間才能夠上廁所，冬天時十分折磨人。現在將廁所門改為與書房相接，並裝設冷暖風乾燥機。

3 未裝修前的曬衣間及廁所。

4 將原有的小窗做成狹長窗，從餐廳及廚房角度都可以看到天井綠意。

BOSCH

噪音與空氣品質這樣改善

臨路大窗改小窗 +
百葉通風塔 +
全熱交換器

1

氣密大窗引光隔音，小窗引風對流

為了阻絕噪音，改用大片的 1cm 強化膠合玻璃氣密窗，僅留上方小窗，可在需要時開啟。

2

一樓百葉窗通風塔，阻油煙設備

曬衣間位於房子後段，剛好也是與後排鄰居背對背的防火巷，從原本的傳統香菇頭通風球改為可以控制開閉的百葉窗通風塔，在中午及傍晚時關閉，可減少油煙味的入侵。

3

二樓全熱交換器，室內循環好空氣

風壓大的時候，油煙味還是難免會飄進來，所以在二樓安裝全熱交換器，平時二樓朝防火巷窗戶是關上的，可以避免兩間小孩房被油煙滲透。當室外有異味或空氣品質差（如霧霾）時，只要緊閉窗戶，開啟全熱交換系統，搭配空調即可過濾出較乾淨的空氣進入室內。

1

1 打開木格柵門再轉身進門，透過視線與身體動線轉彎來轉換回家心境。

2 小天井原本的面貌，是房子與圍牆之間的閒置空間。

小天井協助改門位，格柵設計緩解風水芥蒂

確認要整修房子之後，他們找了設計師 Only 與 Niki 來討論，「第一個家自地自建、第二個家的頂樓及局部翻修，都是我自己找工頭來做的，但我覺得總是少了點空間細緻度、設計上的觀點。儘管我們知道費用會比較高，但這次我和老婆決定改變方式，找專業的設計師來幫我們規畫、翻新。」

設計師 Only 回想：「阿瑤和小郁有顆開放的心，能夠接受我們在美感上、視覺上的格局調整。因為知道小郁希望回家時能感受到安靜，於是我建議把回家的大門轉向、並且在客廳與鄰居圍牆相鄰的畸零空間開一大窗，並且種上植物與綠牆。這是屬於心靈上的設計、而非功能上的，很高興他們願意試試看。」

當走進屋裡，才會發現，原來這排建案，只有從馬路上看才會以為它是雙併，再往內走，差不多三分之一的深度，裡面其實就是與鄰居左右連棟了。也因此，前方為了塑造雙併的視覺，建築物與圍牆其實有著大約1.2公尺的間距，形成一個閒置小天井。

設計師 Only 把原來正對馬路的大門轉向，**打開家門不必再擔心屋內被一覽無遺、進出門的動線也有轉折**。回家時不再直直衝進去，而是轉個彎、視覺先停留在小天井上的植栽綠意再進入家門，藉由動線及視線引導，產生轉換、沉澱的心境（參見第160頁平面圖）。

原本大小門的車庫拆掉後，改成整體的鐵捲門。車庫上方遮雨棚從原本塑膠材質改成強化玻璃，讓日光可以照進來、增加室內客廳白天的採光。與鄰居之間的交界，則用木格柵做視線上的緩衝，既不是完全的隔離、也保有隱私。

同樣的手法也延續到二樓陽台，運用木格柵與鐵構架在陽台臨路的那面，從對面巷口看，有擋住視線的效果，使得正對路沖、長期緊閉並掛著厚窗簾的陽台落地窗終於有了陽光灑進來。從臥室往窗外看去，**在心理上不會與路沖直視而產生了安全感**。

「我好高興能夠重新再使用這個陽台。」小郁說：「有時候，我會坐在陽台上喝下午茶，或者，白天陽光會照進來，我就單純坐在臥室窗前看一下書。」起床看到的，不再是一片昏暗，而是微微照進室內的陽光。

再者，隨著小女兒逐漸長大、上國小，過去她都跟姊姊睡一間房，透過這次空間重新規畫，將姐妹房裡高一階的更衣室，規畫成小女兒的專屬房間，姐妹彼此作息變得既親近卻又不會互相干擾。

1

1,5 二樓主臥外陽台，透過一樓延伸的木格柵緩衝對巷的直視，解決「路沖」的心理芥蒂。

2,3 天氣好的時候，上午會有陽光照進來，成為小郁很喜歡的小景。

4 二樓陽台安裝木格柵後，主臥落地窗可以開啟，主臥終於重見天日。

6 建築物表面是雙併別墅、後方其實是連棟的。左棟為建築物原始的車庫（分大小門）。

5

3

2

4

小門
6

1

錯層的女兒房門，上移與主臥同高

房子原有的格局，屬於房間有高差錯層的設計，先前樓梯走到 1/2 層就是大女兒房門，與主臥有一段高差。阿瑤於剛搬入時，就將原小孩房的房門用玻璃磚封起，將大女兒的房門調整到二樓地板、與主臥房門同高。

梯間 Before

克服高低差，姊妹溫馨房

兩次變身，更衣室獨立再利用

姊妹倆現在的房間位於二樓後段，與父母的主臥之間隔著樓梯間與浴室。建案格局錯層，便順勢區隔出小房間。阿瑤跟前屋主買下此屋後，一開始低的房間規畫給大女兒住、高的房間作為更衣室。剛出生的小女兒睡主臥。後來小女兒漸漸長大，決定透過這次改造，將更衣室改為小女兒房間。

2

降低天花板創造寬視野 + 開小窗姐妹互伴

因建築物樓板錯位的關係，大女兒房間地板與天花板之間高差過大，視覺上產生狹小感，因此刻意將天花板降低，讓臥室在空間比例呈橫向的寬敞感。原本的更衣室，改成小女兒的房間。與姊姊的房間之間有玻璃窗，姊妹倆即使在各自房間也不孤單。

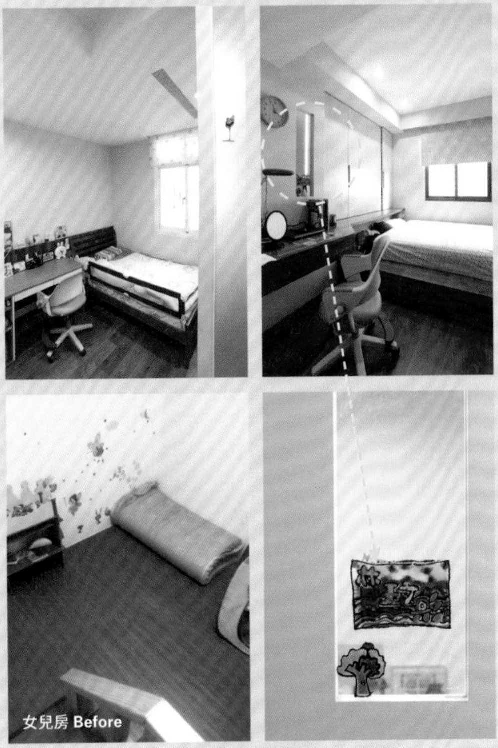

3

善用高低差，姐妹衣櫃上下錯置

高低差原本是問題，但設計師反而活用此問題，利用高差來做成上下衣櫃。下衣櫃朝姊姊的房間、上衣櫃朝妹妹的房間，另一側則作為妹妹的書桌與床邊櫃。

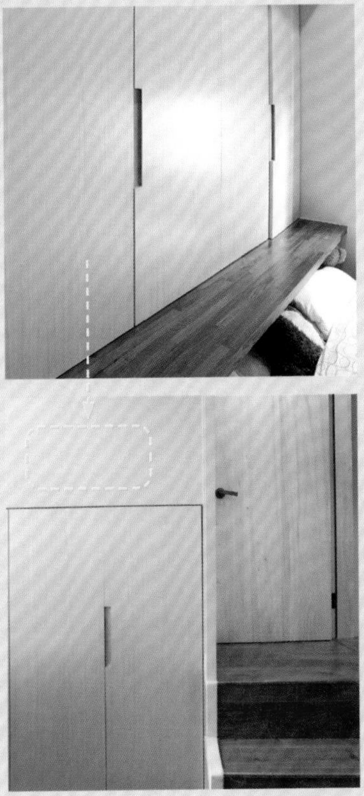

1

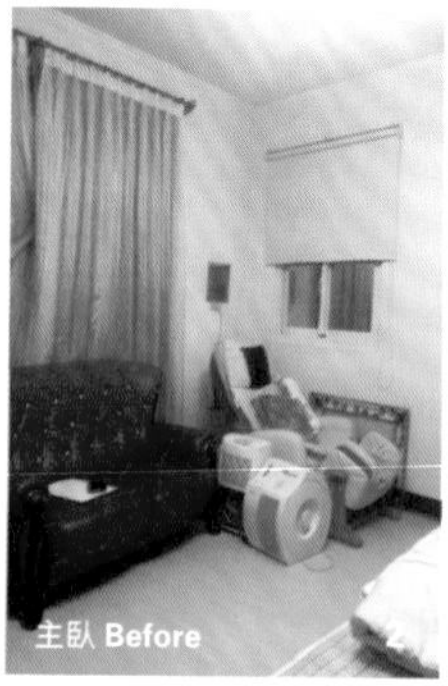

2

3

4

生活品質提升，更能照應家人

雖然，這次翻修的預算很有限（為此還投入原本要換車的預算），必須忍痛捨掉二樓及頂樓一些風格及增建的工程，但還是有達成提升居住品質跟全齡長住的目標。小郁說：「雖然空間不大，但家具少、動線也流暢，朋友到我們家，非常自在，他們的小孩也可以自成一區看書、玩玩具。有時候我們大人聊完要走了，小孩子還捨不得走！」

透過住家空間所呈現的面貌與氣氛，我可以感受到一個家的感情樣貌。雖然在旁人眼裡，也許這只是一個平凡的家庭，但它也是充滿愛與關心、並且對未來有長期考量的。自從住家整修過後，阿瑤跟小郁就更重視生活的品質，進而延伸到教育及精神滿足的層面。

阿瑤雖然承襲了客家的勤儉持家傳統，但他完全顛覆了我對客家傳統一家之主的既定印象，他對於孩子的教育是全然的支持、更願意安排時間與老婆一起享受各種藝文活動。孩子想學鋼琴、

學聲樂或學任何才藝，他都願意讓孩子去嘗試、甚至支持孩子加入合唱團出國比賽，目前孩子已經到過日本、奧地利等地的聲樂比賽經驗。

「當然每個人都有退休後的夢想，但我現在還是要以照顧妻小為重。而且除了滿足基本的生活起居，在心靈及精神層面我也希望能夠顧及。」阿瑤說，「客家傳統觀點，通常是以男性為尊，但全家除了我之外都是女生。老婆跟女兒都是我生命中最重要的人之一，有了這樣的體認，你會慢慢去調整舊有的價值觀。」

1 臥室衣櫃貼立體紋路木皮，較不會留下指印。

2 主臥小窗角落原況。

3 簡單造型的床頭燈，讓習慣睡前閱讀一下的小郁不必再起身關燈。

4 原有臨鄰居的大窗，下方改為小郁的化妝台及熨折衣服的平台。

5 拜訪當天，連同兩位設計師，方型餐桌共容納了 7 個人。從餐桌角落也可看往客廳，視線延伸不受阻。

趁週末休閒時，夫妻倆都會去聽音樂演奏、參觀展覽、看電影等，「公司常會提供音樂演奏、電影等活動的抽籤，如果我抽到票，就會帶老婆一起去欣賞」。

「之前留職停薪、休養身體，我發展了好多興趣。在院子及陽台照顧植栽、練習吉他彈奏、鍛鍊身體、了解我喜歡的日系雜貨的品牌知識等，傍晚時分開始準備晚餐，待家人下課下班後，全家人一起吃我做的飯菜，取代以往的外食生活。晚上陪孩子做功課，與她們聊聊再就寢。原來生活可以這麼踏實、有趣。」小郁在我們進行採訪的時候，她也要孩子拿著相機在旁觀察拍照，由此可以感受到夫妻倆對孩子的用心。

住得近，和老後父母互相照應

雙方父母習慣住老家，與其把父母接到自己家住，若兒女能搬到父母家附近，對長輩而言是最好的。夫妻倆原本預設搬到頭份市區較能夠照顧父母，「沒想到反而是受到雙方父母的照顧比較

多。我們要外出時，小孩可以輪流到阿公阿嬤、或者外婆家，長輩都很疼愛她們，把她們餵得飽飽的，要接回家時，兩個女兒反而都依依不捨。」小郁苦笑。

「其實我們現階段真的很幸福，小孩都已經上學、雙方父母又很健康且各自有社交圈及活動節目，都不用我們擔心」。

責任感重的阿瑤，目前大部分的時間還是被工作綁住，即使採訪當天是週末上午，他下午還是得跑辦公室。問他會不會擔心，一旦退休突然無事可做，是否會感到空虛？

「其實我對軍事、古蹟這方面都滿有興趣的，如果我退休了，我可能會去國內外各軍事古蹟基地旅行吧！」對阿瑤而言，理想的工作，最好能

在家裡看見家人臉上的笑容，就是幸福的泉源。

夠跟興趣重疊約百分之三十到四十，「如果工作就是興趣的延伸，那就可以一直做到退休之後吧」。也許是因為這樣的認知，讓他全力支援女兒們培養多元化的興趣，一旦把興趣做到專才的等級，那就有機會成為喜歡的工作了吧！

預留家的未來性，老後不是問題

我問小郁跟阿瑤，改造後的房子，會讓他們想住到老嗎？「希望可以，但不一定呢！」我本來以為是對房子有什麼想法，結果還是教育考量，「如果將來兒女就學有需求，也只能搬到學區更好的地方！」再搬就可以打敗孟母了，真的是很用心的父母。

在我看來，若要住到老後，這次的改造已經有達到基本條件。**雖然房子還有高低差及樓梯的問題，但日後加裝輔具、或局部施工，就都可以解決**。車庫與家門之間的高低差，因為做了轉折，有足夠的空間可以改為障礙坡道。樓梯也有足夠的寬度在日後安裝階梯升降椅。後方的書房也有充當臨時臥室的功能。多功能臥室與浴廁、廚房及曬衣間也都相鄰，動線簡短不會增加步行的負擔。

「如果可以，我還真的希望能夠住到老耶！沒有房子是完美的，依照我們目前的改造，基本上若要住到我們老後也不是問題。」小郁帶著肯定的語氣：「透過房子的改變，我才知道空間是有潛力去改變的，我現在很愛這個房子。以前週末我們總是往外跑，到山區露營、或者到南部小旅行，兩天一夜的旅行是正常。現在，都希望能夠當天來回！」小郁解釋：「當自己的家比外面舒服的時候，就不會老是渴望往外跑，反而想要靜靜的待在家裡，比起塞車、人潮，待在舒服的家，反而更可以達到休息與療癒的效果！」

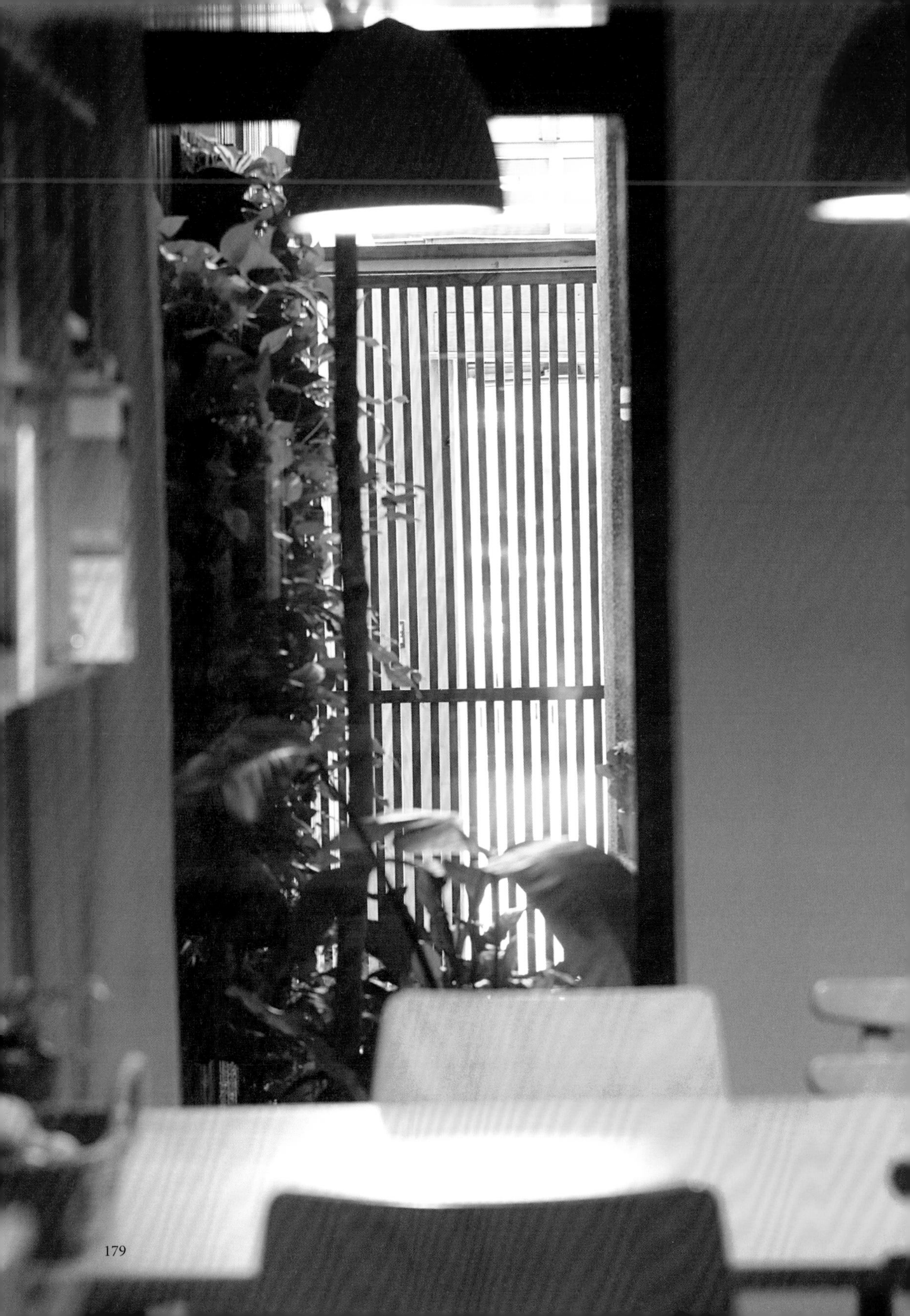

市區的傳統雙併透天，通常沒有太多的內與外之過渡空間，格局上也處處受限。

儘管如此，此處以「加大原有開窗」、並將原本均等份切割的數個平面整合成一整面，現在則切割為上方 1/4 橫向窗、下方 3/4 固定窗。客廳雖然面積大小和過去相同，但在視覺上看起來像是加大了。

建築物與圍牆之間的閒置畸零空間，既然已經花費預算將荒蕪改造成綠意小天井，設計師 Only 絲毫不浪費這個空間，從客廳、餐廳都可以欣賞這個小花園，將它的精神價值發揮到最大。於圍牆處架設植栽牆，作為垂直面的造景，並栽種一棵中型耐陰喬木拉高空間效果。

臨天井側的窗戶自從加大之後，形同客廳所謂的「電視主牆」，成為客廳最具有療癒與視覺效果的空間主牆，且全天候二十四小時以不同的光線型態播出。

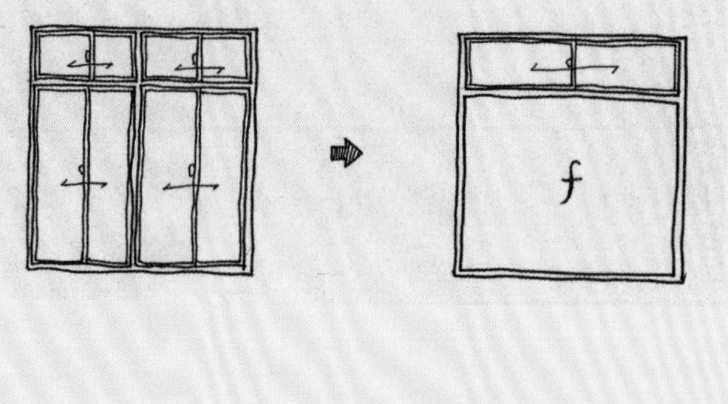

1

可坐臥日光大窗台

臨路的車庫一側，往內、往外加框，使原本平凡的窗戶，轉而成為客廳另外一處可坐可臥的窗台（nook），既與客廳空間有所關連、又可半獨立形塑屬於自己的小角落。

2

天井庭院綠意大窗

臨天井的大窗，下方以懸吊工法做一水泥平台，下方也有鋪設視聽管線及插座，將來若有需要也可以加裝相關設備。

▶家空間改善重點

引進光與風

大門改向免壓迫

絕佳視野的廚房

養嗜好的手作空間

用園藝和鄰居交友

家具製作自己來

屋主年紀

60+

用手工藝暖心再造 60 歲以後的家

中年開始練手藝，無毒家具自己做！

原本只是單純做貿易的阿俊，透過接觸各領域客戶激發興趣，深諳多種工藝與手作，六十歲開始將公司逐步交棒給下一代，淡出公司事務，並在幾年前透過自己的巧手改造老家，將老公寓變成理想老後的家。

吃完中餐的悠哉午後，阿俊和老婆芳玲邊聊天邊磨豆泡咖啡。品嘗了順口的薩爾瓦多咖啡後，阿俊開始練習薩克斯風，「每天至少要練一小時，再過一個月就要參加團體公益表演。」芳玲則到前院修剪花草，再過一小時，她就要整裝去教室練習拉丁舞。

這是阿俊目前的日常，時間轉到一年前的同一天，他和芳玲正為單車小旅行鍛鍊腳程，為了讓兩人的單車看起來很有個性又好辨識，阿俊還特別做了兩個皮革單車包，上面刻劃了自己與老婆心目中的形象，自己是白人牛仔、芳玲則是有著陽光氣質的黑人女性舞者。

「我期許自己，每一年都要學一樣自己有興趣的新才藝。」大概從十二年前開始，阿俊五十五歲，公司運作一切穩定，他開始規畫

HOUSE DATA

- **屋名** 老窩
- **居住成員** 夫妻兩人
- **格局** 客餐廳、廚房、工作室、主臥（含更衣間及主浴）、客臥、浴廁
- **坪數** 室內 28 坪、前院 + 側院 11 坪
- **結構** 老公寓一樓
- **屋齡** 約 40 年
- **設計師** 小曼 may8122@hotmail.com

半退休生活，有計畫的淡出公司，六十歲之後從每天去改成一週去一次。眼看公司由後輩接手得很順利，六十五歲時，他就完全退休。

阿俊的公司進口天然無毒漆，客戶大多是對手作有興趣的業餘者，從木工、皮革、彩繪到金工等，他接觸到不同工作領域的客戶，也深深受到他們的影響，進而開始慢慢投入木工手作的領域。

1 餐廳窗前對應著前院的小桌，這裡也是夫妻倆偶爾下午茶的角落。阿俊每天至少練習 1 小時的薩克斯風。

2 前院大門隱匿在木瓜樹、大黃扶桑、使君子及繁星花等植物之中，透過植物形成美麗又自然的視線屏障。

3 使君子在開花時期會綻放十分柔和的香氣，讓每位經過的路人都有好心情。

4 被綠意包圍的大門，從前是面對窄巷，如今改為面向視野寬闊的另一側道路。

2

3

4

客廳與臥房對調，大門換位開出好視野

記得十年前我到阿俊家拜訪時，就有看到他的木工作品，當時印象最深的是他為小孩製作的方形小桌，桌面以木工方式嵌著圖案，是一位閉目凝神、頭髮鬍子都十分蓬鬆的盤坐修行者，好似阿俊在提醒孩子專心讀書。

這棟位於台北市巷弄的一樓老公寓，是阿俊剛結婚時就與父母居住的家。雖然家中格局有些不便，但阿俊基於尊重父親生前的使用習慣以及對老家的念舊，除了安裝簡易扶手、增加安全輔具之外，並沒有做太多變動。

前幾年，父親過世後，阿俊開始思考，要如何改造老家，「這棟公寓蓋得還算堅固，經歷過九二一等大地震，經檢測都還算安全無虞。因為我們家位於公寓一樓，進出還算方便，周遭環境我們也很適應了。如果可以，我們也打算在這裡長住到老。」

房子位於邊間，一邊是較窄的巷弄，另一邊則是較寬敞的停車場、再往遠處看還有一整片的老榕樹林，充滿綠意。「改造前，我們家的大門口是朝著狹窄巷弄這一側，視野不是很好，摩托車、汽車都行駛得很快，打開家門都要小心是否有機車衝過來，回家與出門往

2

1 在不對原有格局做太大變動的前提下，集中所有公共空間——客廳、餐廳、廚房、工作室，在視覺上呈現出空間的層次與深度。

2 客廳與餐廳從前是父母的主臥，兩面臨路、三面採光，加上路燈照明等光線及噪音刺激，常造成不易入睡。改成開放感的客餐廳反而可運用三面採光的特色來塑造客餐廳的明亮感。

兩坪廚房大滿足

機能吧台 + 通風設計 + 好收納易清理

阿俊家的廚房有著極佳視野，可穿透過餐廳的窗戶看到前院，客廳與工作室也一覽無遺。

Point
1

加入手作元素的小吧台

阿俊運用自己的手作長項，親手製作了廚房的小吧台，以及一款牛皮鉚釘的高腳椅。在尺寸上，小吧台的檯面高度依照阿俊身高來設計，喜愛咖啡的他，平日最常在此泡咖啡、喝茶。在小吧台下方的抽屜，多放咖啡豆及沖泡器具，故設計成通風陰涼乾燥的開放式，抽屜也是由阿俊自行製作上漆、作仿舊處理。

Point

2

櫃子與牆的設計巧思

廚房的主牆面，是一大片阿俊偏好的草綠色磁磚，也讓廚房有了色感的變化，磁磚表面選用光滑釉面，讓日後的擦拭清理變得容易而輕鬆。廚房的櫃體下方，阿俊刻意離地設計，如此一來，櫃子的下方可以放置木箱、存放瓜果，取用時也很方便。

往感受到壓迫與不安感。」芳玲也補充：「我們當時的臥室會有東曬問題，加上屋內沒有對流，每天晚上洗完澡、到了要睡覺時又汗流浹背了。」

透過這次舊家翻新，他們與設計師討論，決定要重整格局，把客廳與主臥室對調。大門改到視野比較寬廣的一側，將以前的客廳改成臥房，臥室則改成客餐廳。**室內裝潢只做基本，天、地、壁都沒有花俏的造型，只用線板收轉折**，然後**再透過吊燈、壁燈及立燈來做為空間照明**，是我個人也很喜歡的設計理念。

為自己的家，親手做家具

房子施工完成後，接下來就是阿俊的任務了，他開始構思每個空間要做哪些家具、櫃子、門……等等，他與木職人阿彭趣味相投，兩人商討後決定要以板式家具為主，來作為阿俊家的家具風格樣貌。

阿彭也是個有趣但 pro 級的木職人。為了學習製作、打磨木工鑿刀，他還親自到日本拜師學藝半年。我問他語言方面怎麼溝通？「一開始還需要請翻譯，但後來大部分時間都要專注磨刀，透過比手畫腳、以及動作示範，也不太需要翻譯了，技藝的磨練與學習，還是在動作而非言語。」他說，在他的日本師父眼裡，作品只有「好」或「不好」，而沒有所謂「勉強可以」，極度且長時間的專注及靜心，在磨刀師父眼裡是最基本的。光是要把鑿刀磨到光滑平整如絲綢面，就需要六、七個小時不能停歇的專注，極度耗費體力與專注力。

阿俊跟阿彭能夠成為好朋友，主要是兩人都具備「只要開工就極度專心、停不下來」的特質。「我不想按表操課，做一般網路上就可以下載的床頭板，我想要做獨一無二的床頭板跟

廚房的小吧台，檯面面向餐廳與客廳。從廚房角度可以看到窗外前廊的景色。訪客若只有一兩人，可坐在對面阿俊自製的高腳椅上聊天。

床架。也不是說要多花俏，而是在於它的結構能夠既強壯又有創意。客廳的沙發也是，它跨距很大，要怎麼避免底板彎曲變形，就是我想挑戰的地方，如果能夠達成，真的很有成就感！」阿俊偏好外表看似休閒簡單，但製作過程講究且充滿挑戰的家具。

「這兩、三年，老公為了製作家具，跟我相處常常都心不在焉的！半夜還常常爬起來思考，我還擔心他是不是中年危機！」芳玲開玩笑地說。她個性大而化之、像傻大姊一樣開朗。

「我當時急著想要製作出成品啊！幾乎醒著的時候滿腦子都是家具作法，要設計這些外表簡練、但有內涵及結構性的家具，很花腦子的，需要靈感！也常常失眠，半夜突然會醒來繼續想！」阿俊解釋：「這些家具要夠堅固耐用，希望可以用上四、五十年不壞，可以傳家的！」

「以前我們至少會每天一起散散步、閒暇時也會一起喝杯下午茶。忙著做家具那段時間改變太大，我還滿失落的，他都不太理我，問他問題也回答得很簡單，整天泡在木工工廠、要不然就在

畫家具尺寸圖。我們的互動一度變得很冷淡，直到他做好第一組家具、四張餐椅，朋友來訪的時候，一直稱讚椅子很漂亮很獨特，我與有榮焉。」芳玲指著我們坐著的餐椅說：「後來我轉念想，他有得忙也是一件好事。而且他長年與木頭接觸，我深信他會為這個家打造出最合適的家具，所以我就決定抱持著不干涉、拭目以待的心情。如果老公的努力，是為了讓這個家更好，這是一件很棒的事情啊！」那段期間，芳玲把時間挪出來找好姐妹下午茶、練拉丁舞等，日子也過得益發充實。

1 利用走道與廚房之間的寬度，設置深度較淺、約 25 公分的展示櫃，展示阿俊的得意之作。

2 浴室鏡框是阿俊自行製作，並以 OSMO 天然漆染色的烏木框。

3 阿俊將熱愛的興趣木工專業化，幫翻新後的老家製作一整組的餐桌椅及板式沙發。

阿俊的木家具

自然材質 + 耐用結構 + 成就感

從廚房小吧台看過去的用餐空間，僅在天花板、牆面做了最簡單的裝修，其他櫃子、餐桌椅，都是阿俊與夥伴阿彭製作。其中餐桌面板在前置階段於室溫中反覆翻面靜置，確定其在室溫與濕度下，不再翹曲、穩定之後再進行製作。至於客廳大沙發，表面綳的是軟木皮，以板式家具的概念設計。由於沙發長達 2.5 公尺，讓底板的大跨距不要變形就成了一大考驗。就連主臥的床也都是自行製作，阿俊跟阿彭挑戰難度相當高的 3D 卡榫、應用於床架的組合。

1

1 客廳沙發

2, 4 主臥床架

3 餐桌

3

2

4

1 改造前，是封閉圍牆形塑的狹小庭院，左側即為原有主臥落地窗。

2 改造後，後院變成前院，主臥落地窗改成一般窗戶，家門移到中間，增加院子空間利用的彈性。

3, 4 芳玲定期修剪庭院內外藤蔓枝條，左鄰右舍也受到影響，開始在自己家種起花花草草。

5 阿俊的家位於巷弄轉角、老公寓的一樓，自從舊家水泥圍牆翻新改為植栽欄杆、並種上使君子及繁星花等開花植物後，成為社區巷弄中的綠洲，為每天上下班路過的人帶來好心情。

用圍牆綠意和鄰居交朋友

除了家具外，讓阿俊及芳玲感到欣慰的還有圍牆的綠化。過去外觀看起來灰濛濛的水泥圍牆，如今已經改造為鍛鐵柵欄，上面攀爬了使君子、軟枝黃蟬、低矮處則種植了紅花繁星花。綠葉、花香、綻放的花朵、吸引了鳥兒與蝴蝶過來，為原本暮氣沉沉、擁擠的台北老社區，帶來了一道曙光。

「原本只是想讓前院看起來舒服，沒想到影響了這麼多人。如今年輕人路過我們家門口會自拍，下班經過的路人會幫忙澆花，每天都在這附近散步的社區老鄰居，都說很期待散步時路過我們家，欣賞花草、鼻飲芳香，心情就變好。」芳玲補充說道：「本來鄰居的陽台跟窗台都空蕩蕩的，現在也看到他們陸續在陽台種花。」能夠影響到社區鄰居，他們也覺得意外的感動。

4

3

5

重新裝修的家，特別珍惜院子的存在，這裡也是露天下午茶所在位子。

阿俊家的預算表

- ▶拆除清運 8.6 萬
- ▶泥作（含全室磁磚、抿石）工程 78.3 萬
- ▶木作工程及五金 69.8 萬
- ▶水電工程 18.5 萬
- ▶鋁窗工程 36.5 萬
- ▶室外鐵作工程 25 萬

總計　236.7 萬元

- ▶DIY 家具工程（含材料及部分委託工錢）95 萬

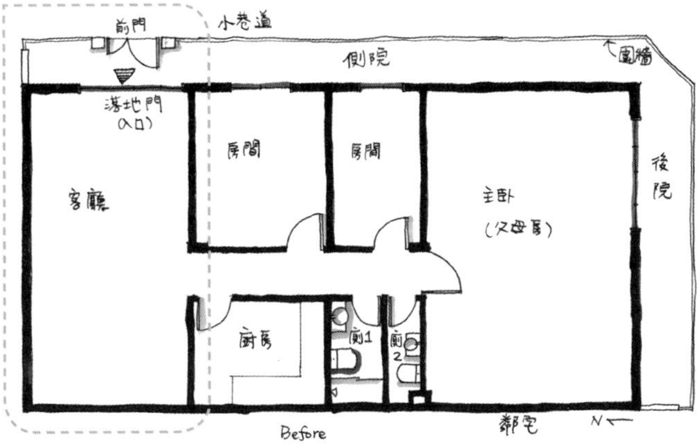

公共空間位置變更

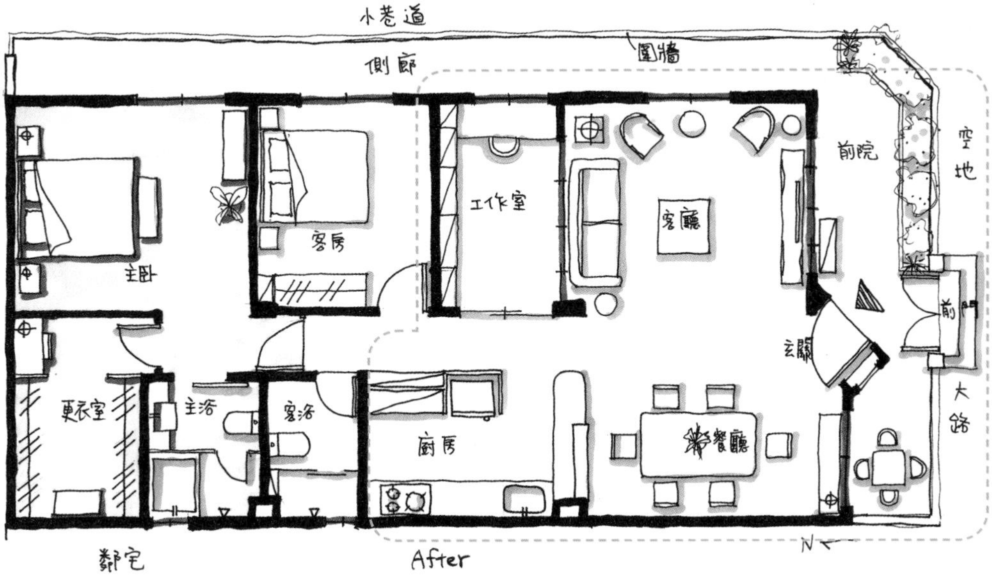

六十歲前認真工作，六十歲後認真生活

我問阿俊，為什麼半退休了，還要每天過得這麼忙？不讓自己悠閒度日？

「對我而言，退休不是不做什麼事。雖然不再工作了，但我還是能做自己喜歡的事啊！剛好我跟芳玲對學習都很有興趣，只是我喜歡的是比較靜態的、她喜歡的是動態的。」至於公司事務，除非有年度重大會議才參加，平時阿俊不太干涉公司的策略。「很多領域我都想學習，迫不及待想學更多！」他選擇有興趣的社區大學課程，上了咖啡、薩克斯風、單車、皮包製作、金屬押花、木工、雕刻、水彩等諸多課程，自己因為深諳手縫包製作，被學校老師拱出來開課。「原本以為當老師會很有趣，但是後來發現太辛苦了，隨時要準備教材。老師每堂課都得去，不論刮風下雨，同學們只要說有事就請假，有時候我準時到，同學們才姍姍來遲。」阿俊點出了社區大學的通病，通常一開學大夥都充滿熱情的參與，到學期快結束時人數都會減少。「經歷過一、兩次，就知道自己有沒有興趣，我還是習慣自己或只跟同好一起默默的做。」

1 工作室與客廳之間以磚牆搭配仿舊水平拉窗，做出空間上的區隔。架子以堅固的六分夾板組成，用來放置書及各式工具。

2 這是被賦予多重功能的工作室，可以兼具客房、書房功能，架高的軟木地板也有保暖隔冷的效果。工作室與客廳之間以自行製作的復古仿舊方格窗隔開。即使寬不到 1.5 公尺，但工作桌前與旁邊都有窗，視線不受限，必要時也可以拉起窗簾。成為最佳的專注工作小角落。

3 即使在工作室忙手作，只要不關門窗，依然可和家人互動。

1

2

3

有些阿俊比較有興趣的才藝，會默默地融入他的生活中。Line 裡面也有各種活動的群組，只要 Line 中有人發起活動，有興趣的就去參加。

退休後，「老朋友清單」和「興趣」很重要

「**退休不能自閉、不能把自己關起來**，不然會越來越消沉。男人都非要老婆陪才敢和人社交，一定要練習督促自己走出去，接觸不同的人群。」阿俊回想自己剛退休時，也度過一小段不知如何打發時間的低潮。後來他聽聞友人的一對夫妻，五十歲出頭，事業就做到全球化，兩人後半生不愁吃穿，決定退休去環遊世界，吃遍美食、看遍美景，住最優質的飯店。環遊世界一圈回來之後，沒事可做，於是再去環遊第二圈，然後又回台灣。由於身分特殊加上個性保守，夫妻倆也不太參加社交，最後老公竟然罹患憂鬱症，現在正在持續治療中。

「另外一個朋友，年紀跟我差不多，卻因脊椎出現狀況而無法正常行走，每天待在家裡唉聲嘆氣。看到他們這樣，我突然覺得自己要走出去，珍惜現在的生活。」阿俊說：「我開始主動打電話給老同學、老朋友。一開始當然有點尷尬不好意思，但通常他們接到電話都很開心，我們會稍微聊聊，如果住得不遠就約出來

1 工作室的吊燈是軟木燈罩，搭配暖黃光的燈泡，讓人愛不釋手、忍不住一直想觸摸它。

2 工作室平常保持門開啟，有訪客時只要將懸吊型的鄉村風實木穀倉門關上，即成臨時客房。

吃個飯。」我應該也算是他的老朋友清單之一吧，如果阿俊沒有每隔一陣子就打電話給我，我們很可能不太聯絡了，這點真的很感激他。

「退休後，沒有每天 routine 的工作，失去重心是必然的。小孩要忙自己的生活不會理你、老婆也有她本來的生活圈，你也不好唐突加入。**一定要督促自己走入社群、建立退休後的生活圈**。」退休時間多了，原本都習慣開車移動的阿俊，現在試著走路去買菜，光是走路到市場這段路，就會跟人打交道寒暄。「最重要的是要保持身心健康。以體力可承受的範圍定期運動，飲食作息正常，自己健康才不會成為家人跟孩子的包袱。」

除了社交外，阿俊規畫**家中一定要有工作室**，這樣就不必到處找場地。「住家適合規畫靜態興趣的空間，有些朋友也會跟我下訂單，這些興趣是可以做到老的興趣與收入，所以一定要有一個舒服的空間讓我專心工作。」

簡單，就是優雅的退休生活

我問阿俊，要存多少錢才能退休、退休後每個月花費多少才夠？「如果只是日常花費跟休閒，我們夫妻倆大概三萬吧！」

阿俊稍微算了一下，平常都自己下廚，菜錢不多，主要是週末或聚會、以及開車油錢，房子則需支付水電。「這樣就足夠過優雅的退休生活了！」

「萬一中年之後，沒有積蓄，是不是就很難優雅生活？」我問。有不少人中年失業、或者遇到突發狀況，而變得一無所有。阿俊想了想，提到他有一位親戚，本來經濟狀況良好，在準備退休之際投資失敗，家產全賠光、兩袖清風，「天無絕人之路，他家正好位於市區近郊的風景區，他考上風景區導覽員，每個月22K，住在老家不需房租、也單身，這工作他又樂於勝任，生活就還過得去。」

我問芳玲，現在阿俊家具也做得差不多了，接下來比較有兩人共處的時間，她有什麼計畫嗎？「我希望他可以陪我去旅行。」芳玲靦腆地說：「年輕的時候出國都是為了工作、談生意，去某個國家都不是去看美景而是去商務飯店洽公。現在小孩大了、我們也退休了，如果能一起去旅行該有多好！」看來，老婆耐心等待阿俊的木工夢想完成，下一步就換阿俊陪老婆去旅行了！

1

皮革製作

阿俊也將木工結合皮革，做出自家的座椅，上頭出現的牛仔，是阿俊心中的自己，象徵對生活的熱情及勇於嘗試的精神。

阿俊的多元興趣

靜態 + 手藝訓練
+ 用得到的成品

從接近五十歲開始，阿俊每年都期許自己學習一樣新的技術或才藝。包括油畫、水彩、水墨畫、書法、單車、皮雕、金工、木工等……有些會留下實體作品、有的甚至可當作日常用品。

2

皮革＋木作

走道展示架上及單車上，都擺有阿俊製作的皮革包包，從設計、打板到切割、打孔、鉚釘等都慢慢從做中學。

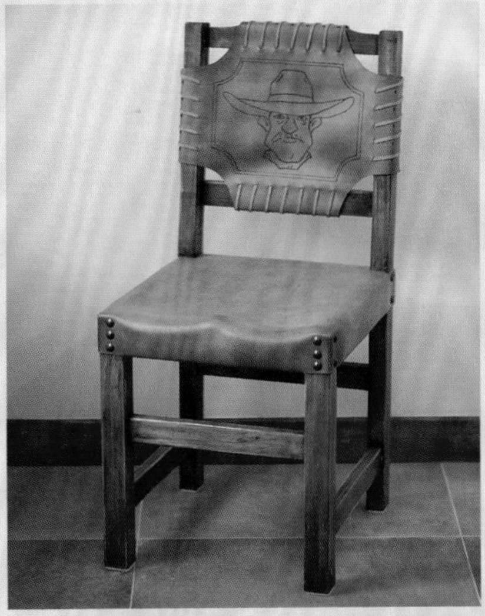

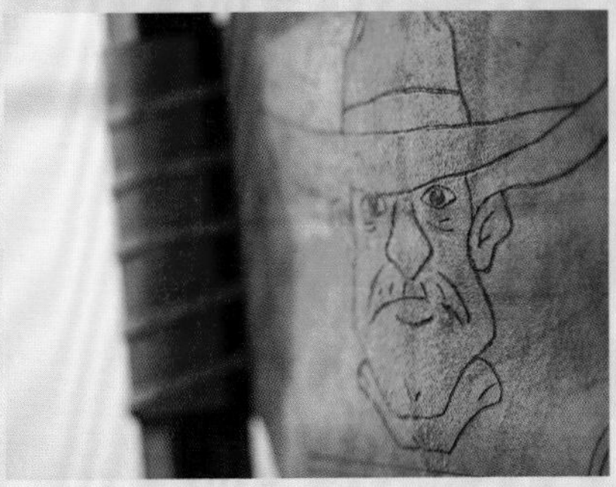

3

木雕工藝

門口玄關櫃上擺放的實木小鞋子，平常用來放置鑰匙，是阿俊開始學木雕初期時的作品。

▶家空間改善重點

櫃子做少 雜物就少

兩人世界 一張沙發就夠

小房整併 一大房很舒適

家的最佳背景 自然色系

單車＋樂器＝ 實用裝飾

工作室也是 一日客房

屋主年紀

50+

孩子不好意思，這裡沒有留你們的房間！

熟齡獨立！讓藝術與音樂成為家的新成員

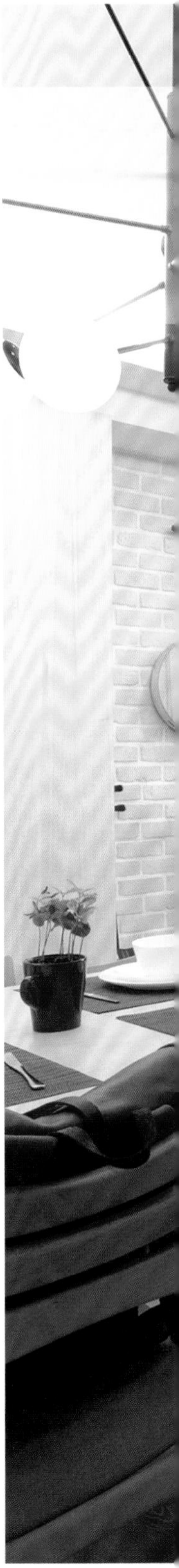

年輕時忙於工作打拚，到了四、五十歲開始規畫充實而精神富足的第三人生。喜歡有點熱鬧但又不要太過喧囂的夫妻倆，選擇了接壤彰化的台中市區邊緣作為第二個家的據點，這裡沒有規畫孩子的房間，只有專屬於夫妻倆共享寫意生活的自在空間。

看著工作室展示櫃裡擺放的立體皮雕包包、皮件成品，很難想像這是出自一位證券公司經理蓉蓉之手。聽著阿邦以二胡彈奏風中奇緣、以薩克斯風吹出彩虹之上等多首經典歌曲，更難聯想到他是衛浴五金製品工廠的業務經理。

就如同阿邦悅耳的演奏一樣，這是一對琴瑟和鳴的夫妻。開朗的阿邦跟溫柔的蓉蓉是一對50+的夫妻，兩人都是勤奮努力的上班族，老家位在彰化，是早期典型的連棟透天，住著一家四口。兩年前，他們買下這棟新完成的電梯住宅。

HOUSE DATA

▶**屋名** 樂閣

▶**居住成員** 夫妻 2 人

▶**格局** 玄關、餐廳、客廳、廚房、主臥（含更衣室、衛浴）、書房、廁所、陽台

▶**坪數** 28 坪

▶**結構** 電梯大樓

▶**設計師** 木茾設計 魏祥益
mogo.design18@gmail.com

老後的家，以離塵不離城為首選

「我們主要是喜歡它是飯店式管理，櫃檯有管家，加上有些公共設施。大樓的公共餐廳目前每天都有供應早餐、未來等住戶多了也會供應午、晚餐，起床可以悠閒梳洗、出門前繞到公共餐廳吃完早點再出門。不必再提早匆匆做早餐、或者到早餐店排隊沾油煙。」蓉蓉說：「另外，我們彰化的家是透天。我知道老了跤頭趺（膝蓋）通常會慢慢退化，就想說要在退休之前，找到一間不需要爬樓梯、周遭生活機能又不錯的房子。」因為感受到都市生活的便利性與安全性，夫妻倆以住在都市近郊或城鎮，離塵不離城的房子為首選。

房子剛完工沒多久，夫妻倆還沒正式入住。不過，讓我很感興趣的是，這房子由於是設定成「夫妻倆」的家，並沒有打算預留孩子的房間。

據我觀察，大部分的父母，都會留一間房間給兒女，期待他們偶爾會來過夜或住上幾天，但蓉蓉跟阿邦並不這麼想。「我們倆都有共識，**將來**

不想跟小孩住一起。偶爾來住可以，但永久住就免了。雖說住在一起照顧上比較方便，但生活習慣不同，多多少少會有摩擦。」

1, 4 廚房原有的門既窄又低，設計師祥益考量視覺的開放性、以及屋主多以輕食為主的飲食習慣，決定將廚房改為開放式、接近天花板高度的玻璃拉門，只有在必要時才會關起來。

2 這對琴瑟和鳴的夫妻，先生熱愛音樂，太太有雙巧手。

3 設計師阿祥運用「聚」與「空」，在小坪數中創造大空間。將廚房與玄關之間的隔牆改成玄關側的展示及收納櫃，並選擇與牆同寬的用餐尺度，營造兩人的清爽空間。

1

3

2

1, 4 由於沒考慮到與子女共住的問題，原有的三房改成兩房，走道底部原有的房門封起。目前走道底部暫放掛畫，將來也可置小桌、營造走道端景。

2, 3 透過固定的玻璃窗可讓視線從臥室裡面看到外面的起居空間。當需要隱私時，只要拉下風琴簾即可。

5 從走道底往客廳看。木地板直接鋪滿全室乾區，客廳、餐廳、臥室、工作室及局部廚房，創造無高低差的無障礙動線。

不給下一代負擔的老後生活

「不論女兒或兒子，要給彼此空間，頂多住在附近就可以了。身為父母，自己的健康、經濟上都要照顧好，不要造成下一代的負擔。若將來老了真的需要照顧，我們也可以請看護照顧。」

儘管嘴上說著，但阿邦跟蓉蓉對長輩倒是十分照顧。夫妻倆各自的老家都在彰化鄉下，幾乎每個禮拜都會回去探望雙方父母。蓉蓉的爸爸目前八十多歲，十分獨立、不太勞煩子女。而阿邦則半開玩笑說：「目前每個月都會給母親孝親費，萬一退休沒有工作就給不出來了！哈哈！不過母親很健康，而且有妹妹就近照顧，我只要每一兩週回去看一下，我覺得這樣就很幸福了！」

話題轉移到現場，「我們的個性，頂多招待朋友來家裡下午茶，若要用餐還是想安排到外面餐廳。所以廚房調整成開放式的。」蓉蓉接著帶我們到臥室，「這裡本來有三房，本來建商的規畫是三間臥室，或者兩間臥室、一間書房。但我跟老公討論過後，決定把靠近的這兩間整合成臥室及大更衣室。」他們後來把三房改成兩間，一間是含更衣室的主臥、一間當做蓉蓉做皮雕工藝的工作室（也兼書房及小客房功能）。

1 原有的一間小房間，與主臥整合，成為更衣室。

2 主臥衛浴為建商提供，衛浴使用的五金品質頗佳，成為阿邦購屋加分的原因之一。

3 主臥室裡規畫了更衣室及衛浴。更衣室使用的是同色系隱藏式拉門。

工作室＋
一日客房

足量收納櫃，怎樣都好用的彈性房

蓉蓉目前專注在皮雕方面的創作，她的成品十分精緻，刀工的流暢度及染色的層次都傳達出皮雕的工藝之美，放在櫃子上打光，很容易讓人誤以為是專櫃精品的收藏！

1

走進蓉蓉工作室（兼書房），迎面就是收納展示櫃，開放的部份放置蓉蓉的皮雕及編織作品。

2

靠窗處設置小平台，可坐可臥，必要時也可充當一日客房。

3

在這安靜房間的一角，蓉蓉可以專注的完成計畫中的皮雕作品。

年輕時兼差打拚，50+後換來有餘裕的生活

阿邦從學生時代就很喜歡音樂，靠自學精通吉他、薩克斯風、長笛、二胡、月琴等各式樂器。「音樂是我生活中很重要的一部分，打工都盡量選擇有演奏機會的差事。」沒想到這份興趣更幫他紓緩結婚後的經濟壓力。

「二十多年前，我們正準備結婚時，用大部分的積蓄買下預售屋要來當新房。沒想到蓋到一半建商就倒閉了……錢要不回來、打擊很大。渴望有家的我們，只好硬著頭皮馬上再買一間房子。單靠上班薪水，加上很擔心在證券業當營業員的老婆業績不足，急著幫她找尋客戶。經濟上、心理上壓力都滿大的！」阿邦邊摸著頭上一撮最明顯的白髮說：「當時是民歌西餐廳很流行的時代，我應徵到晚班演奏的機會，下班之後就去兼差，回到家都十一、二點了，有時候還拖到凌晨一兩點。每天就做兩份工，支付的薪資也對生活不無小補，不過這撮頭髮就是在那段期間白了。」

為了早日還清房貸，夫妻皆兼兩份工，阿邦週末到民歌西餐廳演奏，蓉蓉平時擔任證券營業員，但也兼差協助貿易公司處理帳目工作。「在民歌西餐廳兼差演奏吉他、鋼琴，雖然從興趣轉為工作也會感到煩躁，但能用這另類專長賺錢也很慶幸。」皇天不負苦心人，辛勤工作的夫妻倆便順利還完房貸，開始有空閒時間享受生活。

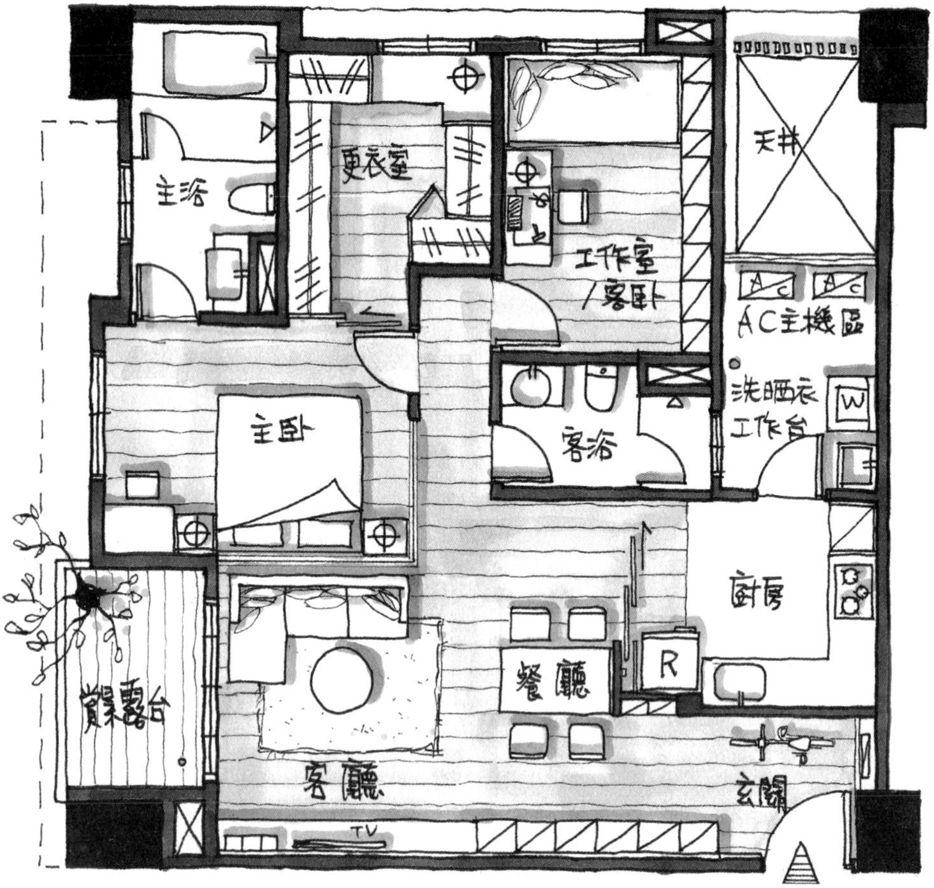

After平面示意圖

1 即使空間狹小，但客廳後方主臥隔間部分使用玻璃，大幅降低起居空間的壓迫感。

2 夫妻倆注重簡單、質感、好保養，窗簾、沙發、地毯均選擇深色。客廳坪數小，加上平常只有夫妻兩個人，選擇一張三人沙發就足夠，人多時坐地毯也很自在。

Before空屋平面示意圖

阿邦家的預算表

- 拆除工程 6 萬
- 木作工程 70 萬
- 水電工程 15 萬（含燈具）
- 空調系統 35 萬
- 系統櫃工程 27 萬
- 油漆工程 7 萬

總計 160 萬元

興趣可以豐富退休後生活，也能成為收入來源

民歌西餐廳近年慢慢沒落、阿邦也不再有每週末演奏賺錢的急迫需求，但對於熱衷透過演奏來傳播歡樂的阿邦而言，他並沒有放棄這項興趣。他陸續準備、應試各項街頭藝人證照，**有了官方認證，不論主辦單位來自民間或公家機關，他隨時都可以參團表演**。

阿邦個性開朗健談、演奏又具專業水準。朋友口碑相傳，介紹他參加婚禮、派對、企業活動等需要演奏的場合，只要時間允許他都盡量參加，「現在工作穩定、也較無經濟壓力，但我仍會想參加各種演奏邀約，藉此接觸不同場域的人事物，增廣見聞。」透過這項專長，就算退休之後，只要有邀約，既不會有體力透支或倦怠的情形，也不必擔心沒有收入。阿邦甚至計畫參與了朋友組的音樂志工團，定期到各個安養中心、仁愛之家或醫院進行義演，為許多老人、病患創造好心情。

相較於阿邦的樂器演奏，蓉蓉在平時的興趣較偏靜態，目前專注在皮雕方面的創作，她的成品十分精緻，刀工的流暢度及染色的層次都傳達出皮雕的工藝之美，放在櫃子上打光，很容易讓人誤以為是專櫃精品的收藏。「在證券業上班比較容易心浮氣躁，這三、四年來，透過皮雕可以幫我靜心、同時也可以鍛鍊自己的手藝。」蓉蓉接著莞爾笑說，「我職位做差不多十多年，多少會有點倦怠感。

原本想說五十歲就來準備退休，看看能不能經營類似的店做點小生意。沒想到最近部門重整，被升到經理，退休不得不延後，不過對經理一職，我也想挑戰看看！」升職之後，新任務、挑戰感取代職業倦怠，退休計畫決定先擱置一旁。

3

4

1, 2 原本只是閒暇興趣，如今阿邦也在假日開始接洽活動演奏，等於為退休生活打下另一個穩固基礎。（圖片提供__阿邦）

3, 4 樂器就是最好的裝飾品，月琴、薩克斯風本身就具有藝術線條之美，興致一來也可即興演奏幾首。淺色系的白橡櫃門及白色文化石，正好成為最佳的襯托背景。

1

2

3

4

1 只要靈感一來，阿邦隨時都可選擇適合的樂器，在家即興演奏，對音樂愛好者來說，真是一種自由的幸福。

2, 3 夫妻倆共同的嗜好之一是烹飪。蓉蓉擅長擺盤、早餐非常豐盛且充滿美感，阿邦牛排煎的香酥濃郁。（圖片提供__蓉蓉）

4 透過國外 ebay 及購物網站，蒐集各種有復古感的零件，組裝出心目中的公路車，最遠騎到花蓮過。平時放置在玄關處，十分亮眼。

從三十多歲開始經營文化背景相似的朋友圈

即使如此，夫妻倆還是有嚮往的下半人生。充滿藝術與悠閒氣息，興趣相投的朋友參與其中。「我們有討論過，並不排斥到養老院住，或者找看護來陪伴。當然，這是到更遠之後的事，我們希望把獨立自主的老年階段拉到最長。」

夫妻倆從三十多歲開始經營朋友圈，朋友雖然隨時間來來去去，但真正有緣的朋友就會留下來。「生活背景、經濟、文化背景類似的朋友，對退休後生活佔的比重會更大。」

「我們無法具體預測未來會如何，也不會強求一定要完全達成理想，生活就是這樣一步一步走，」阿邦在一陣思考後補充說：「不過我們大致可以確定目前的方向是沒錯的，現在的週末、假日，甚至已經有半退休的幸福感。」在我看來，這對夫妻雖然在剛新婚就被倒債、壓力大到三十多歲就冒白髮，但卻能夠持續兼顧工作與生活品質，到現在能夠享受半退休生活。持續保持積極與樂觀、適時透過音樂及藝術來抒發心情，更重要的是，夫妻倆同心協力度過每一關，對我來說是十分美好的過程，也期許阿邦與蓉蓉在未來繼續美好下去！

櫃子做少少
東西跟著少

選好東西＋
設定數量底限

阿邦是屬於較念舊及節省型，需要的物品少，但會刻意選擇品質優良耐用的。像是拜訪當天，他身上穿著厚實的純棉襯衫，衣況仍很不錯，完全看不出穿了 7、8 年了。

而喜歡時尚與潮流的蓉蓉，則會透過逛街購買新衣服與飾品，但她有進有出，每隔兩年，舊衣物累積到一定的量就會捐給慈善機構。

針對家中的其他雜物，阿邦與蓉蓉並沒有刻意定期清理，但有**界定出一個可以接受的底線，超過底線就會開始整理**。「我們曾經送出全新大烤箱，因為小小的廚房實在容不下它。」工作性質的關係，常會收到廠商產品或周邊商品，「東西不是我們買的，但人家都送了也不好意思拒絕，帶回家之後才發現不適合。好在現在都有 Line 群組，只要在群組一發，通常就很快就有人接收了！」

設計師祥益也強調，他常透過教育與溝通傳達給屋主，櫃子做越多、東西就容易變更多。寧可將收納櫃精簡到只放需要的東西，這樣當物品過量很容易察覺、而不是塞到櫃子裡視而不見。「櫃子數量做剛好就好，」祥益解釋：「這樣才會逼自己面對多出來、用不到的雜物，訓練自己降低物欲、只留常用好用耐用的。」

▶家空間改善重點

拆一房
放大各區

我家就是
美術館

模組化沙發
可拆卸多變化

廚房餐廳是
家的主體

大跨距長桌
滿足多功能

環狀動線
機能更多元

屋主年紀

50+

吃喝聊天看藝術，我家就是美術館！

大長桌、旅行收藏、環狀動線，每一個家都該有它的主題

這個家最最令人矚目的焦點，不是客廳，而是提供「吃喝」乃至於「聊天」的餐廳。享受生活就從飲食開始。屋主海燕透過明確的興趣喜好，定義出具多樣性又自在的家空間，滿足自己內省、外觀的生命探求。

看著牆上的水墨畫及書法字畫，很難想像這是出自旅遊業者海燕之手。初次見面，她穿著刷破牛仔褲、黑色連帽罩衫、身背著粉色手機小側包，給人可愛時尚的親切感。更驚訝於發現她家中擺有各國的各類收藏品，從東南亞到歐洲，從木雕到雙面繡，其中還穿插擺設自己創作的經史書畫，「旅歷」非常多采多姿。

穿過玄關、走進海燕家，就可以看到寬敞、採光充足的起居空間，其中令人矚目的焦點，是跨距達420公分的雲白色石英石大長桌。長桌外側可一次坐六到七人，內側可坐四到五人。長桌靠近廚房流理台的一側，設有平嵌式陶爐，爐檯面嵌到與桌面同一高度，視覺上非常精緻有一體感。

長桌的凝聚力，三五好友的定期餐會

一個家的空間，是主人個性與生活的呈現。這張大桌，為的是滿足海燕好客的個性。「蘇東坡為了美食可以寫出老饕賦、菜羹賦，甚至將紹興搭配滷豬肉創作出東坡肉。孔子也強調『食不厭精，膾不厭細』、『君子無終食之間違仁』。我從事旅遊，旅遊源自於對生活美感的體驗，而生活美感就是從吃開始。」海燕還提到一個實際的佐證，「我們形容一個人有『品味』，『品』與『味』都是口字旁，就是從嘴巴開始。所以我設計的旅遊行程，也是以美食為主、景點為輔。」

美食不一定要大魚大肉才算數，海燕提到曾經帶團到金澤兼六園裡的米其林宅邸餐廳，美食若能呈現食材本身的味道，才能夠有相輔相成的效果。

英文的 taste，也是具有品嚐、審美力雙重意涵。透過這張長桌，海燕與三五好友得以自在享受美食、甜點，實踐食的優雅。

HOUSE DATA

- **屋名** Tracy 的家
- **居住成員** 屋主 1 人（家人住不同樓層）
- **格局** 客廳、餐廳、廚房、主臥套房（含更衣間與衛浴）、客房套房（含衛浴）、客浴、前 + 後陽台
- **坪數** 室內 44 坪、前 + 後陽台 3.8 坪
- **結構** 電梯大樓一層一戶
- **屋齡** 約 5 年
- **設計師** 看見國際設計范雅屏 veldafan@hotmail.com
- **海燕的旅行社** 欣業旅揚 www.theyoung66.com.tw

將廚房旁的房間拆除，廚房從原本的 L 型流理台改成直線型。中島與流理台集中在同一側，方便家事動線的進行。設計師雅屏訂做了跨距 4.2 公尺的雲白色石英石大桌，展現出主人熱情好客的個性。

相較於一般家庭屈指可數的待客次數，海燕顯得頻繁許多，沒出國帶團時，經常會跟好姐妹或員工在家小聚，大夥兒依著長桌喝茶吃點心、想換位置的還可以改到沙發上或躺或坐。感情較好的老同學或老朋友，甚至會在她家住上幾天。

每隔一兩個月，她也會在外面餐館舉辦約三十人左右的聚會，這樣已經持續了三年了。「生活中認識了形形色色的人，透過定期舉辦聚會，讓大家聚聚、互相認識。」透過 Line 群組敲定時間，擇期主辦。為讓與會者身心都滿載而歸，除美食外，每次也會選定一個主題，大家邊吃邊討論。美食、旅遊、哲學、生活都有可能是涵蓋在討論的範圍，像最近兩次的主題是「談修養」、「談風格」。「就像孟嘗君供養三千食客，透過飲食與各方優秀之士彼此切磋成長。我們抱著一期一會的心情來辦，希望每次的相聚都是最珍貴最充實的。」

設備隱藏術，廚房更有一體感

冰箱 + 烘碗機的櫃設計

開放式廚房的規畫，最重要的就是簡潔，盡量減少各種設備的存在感，讓視覺一體，就得透過各種櫃設計來進行，不只是物件，設備也是需要進行收納計畫的。

1

訂做的櫃體內含冰箱尺寸規畫，外觀不會察覺冰箱的存在，增加視覺的整體感。

2

烘碗機可升降，對於個子較小的東方女生不只可以取物順暢，沒有使用的時候還可收回櫃內。

3

沙發區（左側）鋪設容易維護的瑞典乙烯材質編織地毯。餐桌廚房區（右側）則鋪設有義大利品牌的木紋磚，不用擔心潮溼、水氣及吃色。

1

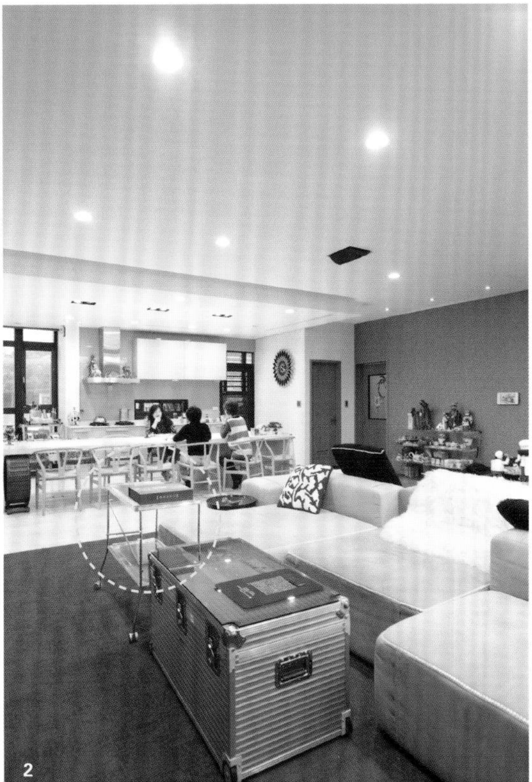

2

1 拆除房間後，從沙發區看往中島，整個公共空間得到了完整的統合，廚房及用餐區也有充裕的空間。

2 面向電視的一側有移動式餐盤架，方便把煮好的飯菜從廚房移到電視前。旁邊的大旅行箱，是 Rimowa 的限量品，也是海燕的收藏。

原始新屋平面示意圖

海燕家的預算表

- 設計費 5,000 元 / 坪
- 內裝本體工程 280 萬

(含拆除、水電、泥作、木作、燈具、玻璃百葉鋁窗、鐵件、油漆等工程，以上未含室內設備工程的部分。)

沙發集中放置在中心點，使客廳形成流暢的環狀動線，每個角度每個方向都可或坐或臥。

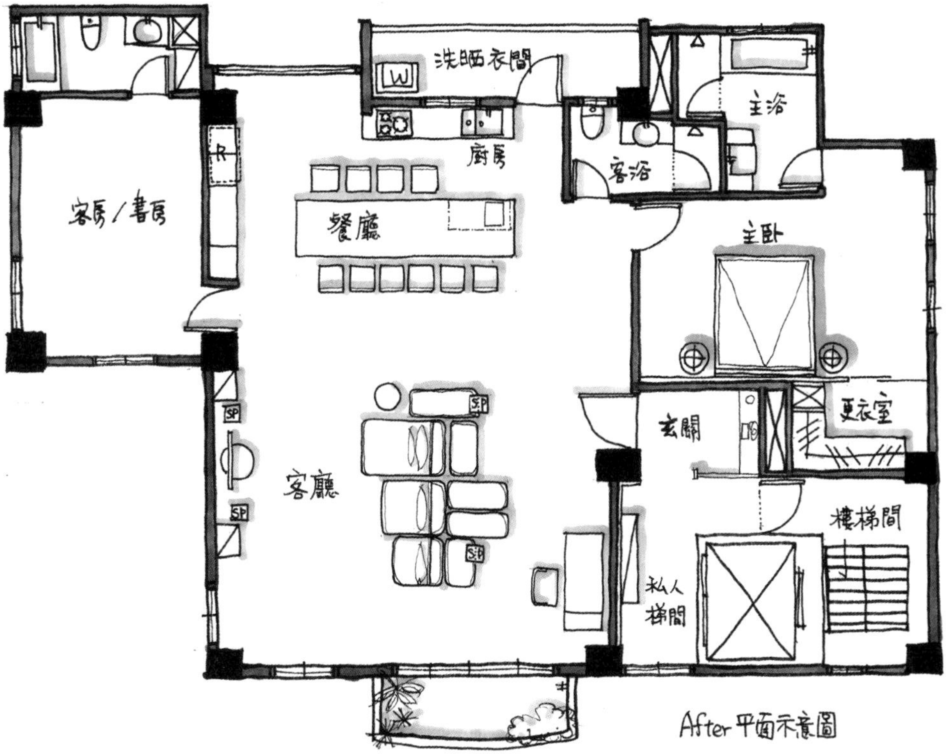

After平面示意圖

這種享受當下的心態，也呈現在海燕的收藏擺設上。有些人旅行時容易失控爆買觀光紀念品，回家後胡亂堆積一角，淪為積灰塵的無用雜物，偶爾視線對到了，還趕緊撇開不敢面對。

海燕環遊世界好幾圈，已經養成銳利眼光，只願意挑精緻、獨特的藝術品回家，雖然數量仍多，但因有足夠的空間擺放，而且收藏品之間有間隔、有高低遠近之分，特殊作品甚至會打光展示。「我愛閱讀、也愛欣賞藝術品。人家說，書是黃金屋，我也希望自宅是心靈美感聚集的黃金屋，因此我把家打造成藝術空間、小型藝術館，不論在家的哪個角落，**我透過欣賞美來沉澱自己、內化自己**。」

雖然在起居室已經至少有五個櫃子專門放置藝術品，但我推測還有很多沒擺放出來。「妳說對了，我在一樓車庫還有一間倉庫。這些收藏品會輪流展示，有些覺得時機到了，就會義賣做公益。」海燕的收藏品大多所費不貲，對收藏品卻不會太過眷戀，每隔一陣子就會送出一些做義賣。「我對物品的看法是要有進有出，讓這個家有能量的流動。有些收藏品可能一開始很喜歡，但過一陣子就覺得沒這麼來電，雖然內心會有點不捨，但我還是斷然透過公益活動或拍賣會，讓更欣賞它的人買下。所得捐出、把愛傳出去，物品也讓更愛它的人擁有。」

家的美術館

收藏品融入家空間

有豐富旅遊經驗的海燕，透過旅程蒐集別具特色的作品，並希望能夠擺在家中視野可見之處。

所有的收藏品採用開放隨性的展示，想欣賞把玩時可以即時看到、即時取得。不需翻箱倒櫃才能找到。

因此，在設計過程中，櫃體部分留白、起居空間甚至不做落地高櫃，透過這樣的方式，讓收藏品可以融入空間中、避免顯得突兀多餘。

家的空間有限，如果有些收藏品或物品想要送出，現在海燕都盡量透過慈善機構《新人類把愛傳出去協會》將收藏品拍賣、並捐出所得款項。

1

一系列的德國胡桃鉗木偶，以精緻的手工藝、搭配薰香，讓海燕愛不釋手。

2

透明開放式的收藏櫃，使視線不受侷限，各個角度都得以欣賞。

3

這對廚師造型的胡桃鉗木偶直接擺設在沙發區中間的小桌上，拉近收藏品與生活之間的距離。

捨棄我執，做鞋櫃送鄰居

「對物品的看法同樣可以延伸到人際關係。有捨才能得，也能進一步看清楚什麼樣的友誼、情誼是你要的。」海燕邊磨咖啡豆邊補充說：「君子之交淡如水，幫助朋友也要有個限度，不能被無度索求、耗盡自己。妳給朋友愛，也要看她／他是否珍惜。友誼變質或生灰塵，就不要再勉強。」儘管海燕常辦聚會、活動，但不代表她必須無時無刻都滿足所有朋友對她的期待。「以前我會努力顧及別人感受，把自己搞得很累。但現在，我認為只要能夠接受我最自在的樣貌、真實想法的人，就是我的好朋友。我認為我們的心靈，可以透過欣賞自己的朋友，受到滋養。」

沒有我執，讓海燕處理問題的方式更有創意。「在海燕還沒搬到這裡之前，她住的地方是與鄰居門對門的大樓。」設計師雅屏回想到，「鄰居門口永遠都是亂放亂堆的鞋子，多年來都習慣散落在公共走道上，有時路過還會被絆倒。妳知道海燕怎麼處理嗎？」家裡很美，一整天過得很愉快，但每天出門、回家，都看到對面髒亂的鞋堆，心情必然受影響，如果是我，還真不知怎辦，只能生悶氣。「和鄰居討論過後，海燕請我到鄰居家門口丈量尺寸，直接訂製一套鞋櫃給鄰居！費用由海燕負擔。」

1 因住家為一層一戶，從電梯口出來之後就是住家玄關。

2 雖直接與電梯、樓梯相接，玄關仍屬於私空間。一走出電梯就聞到日本花香的薰香。

1

2

這招真是高明！鄰居感受到海燕的誠意與困擾，或多或少會因不好意思而改變習慣。從此，出門看到的是整齊清爽的走道。俗話說「能用錢解決的事都是小事，錢無法解決的小事會變成大事」，也許可以透過管委會道德勸說、或者其他鄰居的輿論，但若處理不妥當容易引發嫌隙心結，小事就會變成陳年大事。

之前拜訪過一個社區，社區居民因嫌隙而分成兩派，當我詢問年輕一輩詳情時，他們愣住了，只說：「其實我不知道，我只知道長輩跟他們有過節、不能有來往。」起因被遺忘，惡果卻延續，小事最終演變成阻撓社區進步的絆腳石。

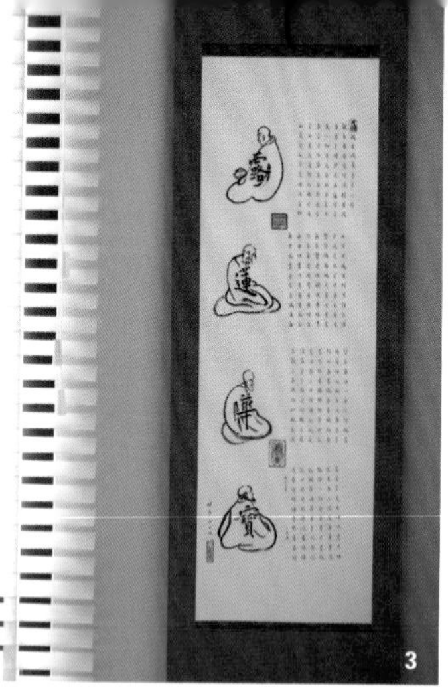

1 前陽台可遠眺山景，陽光充足、空間算大，照顧大型植栽怡情養性。

2 主臥選擇在靠近廚房、陽台及客廳的一側，相對另外一個房間，收衣服、喝水等都只要走幾步就到。床頭後方隔出一部分做為更衣室。

3, 5 以最簡約的方式呈現屋主海燕的字畫，將軌道埋在天花板周邊，垂下可移動的掛勾，就可隨時固定作品，作品的更換也更加簡單有彈性。

4 主臥房的推拉門設計，結合了海燕珍藏的曇花圖樣雙面湘繡。

實用設計

可調式玻璃百葉

後陽台當做洗衣、曬衣空間。為避免雨水噴濺及強風直吹，在洗衣機、熱水器機具集中的區域，特別設計可調式玻璃百葉來遮蔽家電。

享受自在生活，靈感自然來

這裡一層一戶的生活方式很愜意自在，加上環境清幽、鄰居涵養都很好，海燕跟母親各自住一層，在這裡住了快四年，很是喜歡。幸福的兒女，莫過於想要孝順，而且有能力及機會達成。「我個人比較偏好自在，媽媽住在樓下，我不但可以就近照顧，也保有兩人的自由空間。」海燕母親生活充實，菜市場買菜、散步、晨運都習慣跟同齡朋友，有時候會上樓來煮晚餐、看個電視再下樓，對新環境也很適應。「我們是恆春人，生活很有彈性，很喜歡交朋友，一人獨處也不是問題。」

早上提早一點時間起床，悠哉的磨個咖啡豆，看著外面的風景邊啜飲咖啡、幫陽台植物澆水再出門。工作的時候，盡量以親切、幽默的方式帶領下屬，透過仔細觀察，調整每位下屬到最合適的職位，讓他們發揮長才，海燕也鼓勵下屬充實自己的休閒生活。畢竟，旅遊業本身就是個跟生活品味密切相關的行業，如果不懂得享受生活，就難以讓消費者信服。

下班之後，在家簡單煮個晚餐，「我通常都用水煮，一兩樣蔬菜搭配一點肉，很少用油炸或快炒，不會有太多油煙，開放式的廚房很適合我。」吃完飯休息一下，小酌一杯，就開始臨摹書畫、靈感來的時候就進行創作。

從1%起步，開始理想的退休生活

「我有些朋友認為理想生活，要等退休之後。」海燕說：「但我期許自己，從現在就開始過老後的理想生活，盡量以好心情度過現在的每一刻。」很多人會覺得，目前還沒有這種能力過理想的生活，但海燕認為，只要心中存有這份理想，可以先從實踐1%、10%開始。」

「海燕喜歡透過舉辦各種活動、聚會，讓周遭人在生活上、心靈上有所獲得。」設計師雅屏指著電視旁擺放的許多大象雕塑品說：「就跟大象一樣，她具有領導、安撫及保護的特質。身為她的朋友都可以感受到她的暖暖關懷。」

當遇到讓自己氣餒的狀況時，海燕盡量不深陷到非理性的情緒之中。「**讓自己振作的方式就是不要再沉迷其中，轉換思緒、創造另一情境。**尤其我要帶團，更要保持熱情。遇到不盡如意的事情，我就在空間中噴噴自己喜歡的香水、點點自己喜愛的薰香，透過嗅覺提點腦部正面覺知、療癒自己，調整到可以平靜入睡的程度。」海燕說：「人家充滿期待的參加行程，我的目標永遠是要精神奕奕的帶團、賓主盡歡！因此，快速面對情緒並解開它，可以幫助我看清問題。」

「我覺得能活在朋友及家人們的感恩與欣賞之中，是很幸福的事。這就是我目前的理想人生。」、「就像《武媚娘傳奇》中武則天曾說的『落幕無悔』，我期許自己每天都是幸福的製造者，希望我的人生，在嚥下最後一口氣能夠毫無後悔。」也就是這樣的價值觀，讓海燕的生活充滿精采與感動！

工作區規畫，
從客製書桌開始

透光桌面+
磁性牆設計

下班後，在家做個簡單晚餐，吃完飯休息一下、小酌一杯後，就在工作區臨摹書畫，特別設計的玻璃打光工作桌，以因應海燕的需求，靈感來的時候，在這裡創作更行雲流水。

1

客製工作桌

為滿足海燕創作、臨摹的需求，設計師雅屏為她客製設計了可臨摹的書畫桌家具。

2

透光桌面設計

這個客製化設計家具，桌面材質可以透光，供臨摹之需外，整組結構是金屬材質，甚至可在戶外使用。利用磁鐵當紙鎮的概念，固定紙張。

3

磁鐵展示牆

書畫創作區的牆面，採以金屬材質，可以磁鐵為工具，張貼海燕的作品或自己兒時的照片。

4

書畫工具陳設

珍藏的各式毛筆，用於草書、楷書或繪畫，是海燕創作的好夥伴。

▶家空間改善重點

屋主年紀

◗ 40+

拆掉多餘裝潢，留白就是賺到！

社區友善、簡單家屋，真正的家裡外都滿足！

要選擇理想的後半輩子的家，社區、鄰居與周遭環境也是很重要的條件。透過這次拜訪，我見識到居家裝修的逆向思考。將前身過度裝修的房子，關鍵拆除，一來可以省去全室重拆再從零裝潢的預算，二來也可減少裝修廢棄物及污染。

第一次和小碧閒聊她家狀況時，就引起我的好奇心。當時受邀參加她主辦的建築師公會講座，討論到斷捨離與簡單生活，她在回饋中提到她去年搬到現在住所，拆掉許多前屋主安裝的櫃子，為得只是取得更多的活動空間。

「拆掉多餘的，不需要的不做」，一直是我個人很推崇的改造方式，於是，我跟小碧相約造訪她家，我才體會到，減法的居家規畫，其實來自對生活態度的簡單化。

HOUSE DATA

- **屋名** 淺色小窩
- **居住成員** 夫妻、兩個小孩、一隻狗
- **格局** 客廳、餐廳、廚房、主臥（含儲更衣間）、小孩房 x2、客房、浴室、陽台 x2
- **坪數** 使用約 40 坪
- **結構** 電梯大樓

新家新需求，找回安心的散步尺度

小碧新婚住的第一個家，雖然社區內部跟居家空間都近乎完美，但周遭環境因處在舊市區，一出門就烏煙瘴氣，沒有舒服的散步跟休閒環境，考量到中老年的退休生活，最後決定搬家。物色過許多房子後，選擇了現在的家。

社區大門除了階梯外，也有設計無障礙坡道，從社區鐵門走到大樓門口，也都是輪椅可以行走的無障礙動線。最棒的是，如果想要散步，只要走寬敞的人行道一分鐘就到公園，散步不必再與車爭道。這看似非常微小的便利，對於每天要溜狗兩到三次的人來說，可說是極大的幸福。

新家屋齡近十年，前屋主在居住期間，做了大量的木做。過量的櫃子、固定式桌面、床架與平台，讓空間看起來小於實際的坪數。「原本有考慮過乾脆全拆、重做，但原有的裝潢板材、角料品質都還不錯，如果拆

掉就會變成垃圾，所以我決定能用的就留下來。只做局部翻新。拆掉不要的部份，保留、修飾可以用的部份。」

除了更衣室衣櫃及廚房的櫥櫃外，屋內九個櫃子（含過大的衣櫃、電視櫃、展示櫃等）、兩個固定式桌面、一個固定式床架，全數拆除。「我們搬家的另一個主因，就是希望長大的孩子有更多私人的空間，因此務必讓兩個女兒各自的房間夠大。除了拆掉這些櫃子外，客餐廳舊有的木地板也拆掉換新。面積最小的那間小孩房，圓弧造型天花板也拆除，讓水泥天花板直接出現，搭配吸頂燈，讓房間回歸原本的清爽感。」

1 客餐廳原貌。客廳電視原本設計在入口側牆上，看電視時會背對著餐廳。

2, 3 玄關與走道相交接。前屋主在玄關進來處設置屏障，使視線不會一眼看到底，同時又增加了可以坐著換鞋的功能，故保留之。

4 客廳與餐廳整合，並且將沙發面向餐桌，電視設置不放正中間、而是放在側邊，暗示了起居空間的主角是餐桌而非電視。以淺色的白橡木超耐磨地板整合，使起居空間更具清爽感與整體性。

1 Before：客廳一側原本設置整面的電視櫃，地板則是深色木地板。空間視覺感較為沉重。

2 After：客廳原本作為電視櫃的牆面，如今規畫為書櫃。

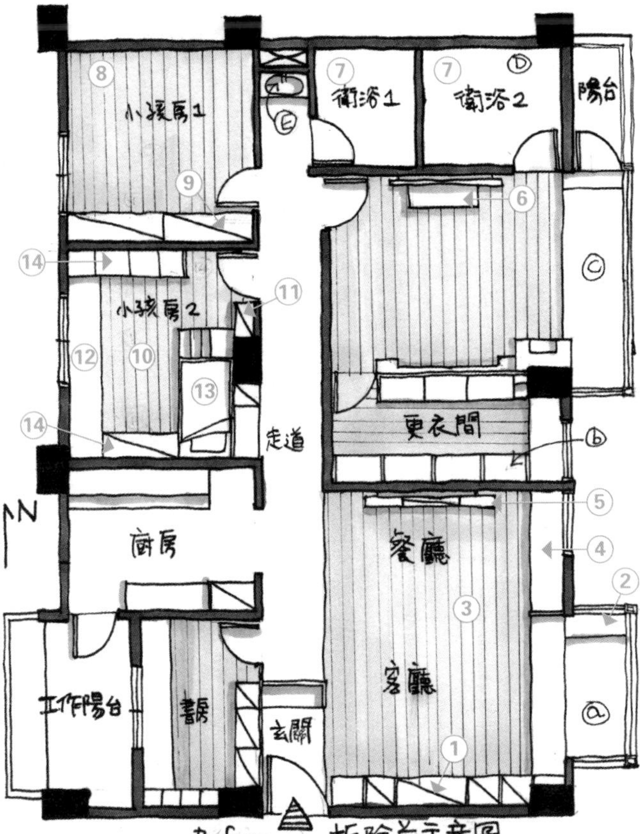

Before 拆除前示意圖

小碧家的預算表

- ▶拆除工程 2 萬
- ▶水電（含燈）9.16 萬
- ▶木作工程 11.2 萬
- ▶地板工程 8.86 萬
- ▶空調系統 24.4 萬
- ▶系統家具 7.34 萬
- ▶油漆工程 12 萬
- ▶清潔 1.59 萬
- ▶窗簾 3.9 萬

總計 80.45 萬元

拆除

① 電視櫃拆除
② 凸櫃拆除
③ 木地板拆除
④ 櫃體拆除
⑤ 展示櫃拆除
⑥ 臥房電視櫃拆除
⑦ 衛浴天花板拆除
⑧ 木地板拆除
⑨ 衣櫃拆除
⑩ 造型天花板拆除
⑪ 置物櫃拆除
⑫ 桌面拆除
⑬ 床架拆除
⑭ 衣櫃拆除

維修·更新

ⓐ 五金整理、面板換色
ⓑ 櫃體五金維護
ⓒ 臥榻五金整理
ⓓ 馬桶更新水路檢查
ⓔ 龍頭、枱面更新

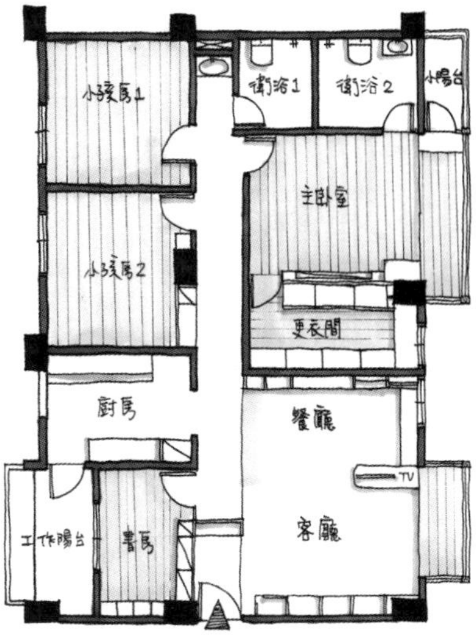

After

以「減法設計」取代「做太滿」的家

我很喜歡這種「減法設計」，拆掉多餘的，不需要不做。何謂空間？「空」與「間」夥伴，「空」是可以活動的、留白的；「間」是用來區隔的、固定的。拆掉多餘的「間」，你就有更多的「空」可以晃悠、呼吸。小碧將原本的客餐廳的電視櫃及展示櫃拆除後，改成整面的書櫃，讓客廳與餐廳更具整體感，大量的建築、設計相關藏書，也有了可以擺放的空間，讓客廳就是小小圖書館。

三招現學，清爽安全的家輕鬆達陣！

◎少做少錯，省下無謂的清潔保養

翻修時最常陷入視覺美感的幻覺，裝修完換來的是如何定期保養、清潔的苦惱。例如間接照明的天花板，高低差之間容易堆積灰塵。年輕的時候可能還有辦法爬高清理，老的時候沒體力了，只能任由堆積的灰塵、在風吹時飄落。

◎留白≠浪費，預留安裝設備的空間

適度且適切的留白，預留可用空間，若將來有需要安裝任何設備，就不必再大費周章的動工。例如，走廊牆面若沒有必要，就不要做滿櫃子或釘壁板，若將來有需要可直接加裝扶手或相關輔助設備。

◎慎選周邊環境，外出行動沒煩惱

以步行動線友善、有無障礙考量、交通及停車便利、方便購物、治安佳為主要首選。周邊環境舒適，才能夠有出門的動力。其中又以步行動線友善、有戶外無障礙設施等考量為首。

1 原餐廳側牆面做淺櫃，由於很淺，連書都無法放，裝飾性大於實用，故拆除。

2 主牆原淺櫃拆掉改成開放式白色書櫃，刻意切割成不同幾何矩型、深淺不一，在陽光下，呈現出家的光影作品。

和鄰居一起照顧孩子，建立美好經驗

我看著小碧玄關後方的白板，上面寫著許多阿姨叔叔的聯絡電話，好奇問她來源。「這些大部分都是從孩子們還在幼稚園就互相照顧到國中的鄰居。」

小碧的舊家是中小家庭形式，整棟近兩百戶入住的社區，大都是小孩才幼稚園、國小的年輕夫妻。這些夫妻，有的是老師、有的是中小企業上班族、有的是工程師，大家都有工作在身、小孩子也都讀同樣的學校，熟絡之後，竟無心插柳的衍生出彼此分工照料的模式。

一開始，只是輪流接送。社區小朋友就讀的都是同一間托兒所、國小，有時家長忙，委託鄰居幫忙帶，後來大家想到可以輪流帶的主意，孩子下班之後先集中到某一戶家庭，讓其他家長可以安心完成手邊工作、不必趕著下班。

小碧在家工作、畫建築圖，極度仰賴**輪流接送**、**輪流照顧**的模式。

「從可以全力衝刺當工作狂、轉為分飾媽媽角色的過程，我需要極大的調適與心境轉換。那時兩個孩子都還很小，帶他們其實非常耗心力的。從起床之後就開始帶小孩，到下午四、五點左右心情就會非常煩躁、非常期待先生趕快回來接手。」由於四戶家長的上下班時間差不多，讓他們得以合作，「到下班時間，將小孩們集中到

1,2 運用社區的公共空間及閒置會議廳，小碧與年輕夫妻的鄰居們討論舉辦小型園遊會或輪流帶孩子的會議。

3,4 與社區鄰居家長們感情好，孩子們輪流照顧，輪流幫看作業、讓其他家長有喘息空間，甚至一起舉辦慶生會，孩子從小就有許多同齡夥伴一起成長。

（圖片提供＿小碧）

某一戶照顧，另外一戶則為其他四戶煮晚餐，晚餐煮好之後，各家拿著自己的鍋具來裝，再回自己家吃，不過我女兒總是喜歡在別人家吃飯再回來，只要該家長不介意我們就讓她自由選擇。」

平常孩子各自與父母親獨處，就會專注在吸引父母目光、希望父母陪伴，但當孩子與年齡相仿的同儕共處時，父母就會被即刻遺忘，「這對我們而言是非常珍貴的喘口氣時刻啊！即使是輪到我們照顧四個家庭所有的孩子，也比平常輕鬆，因為兩個女兒忙著帶其他孩子玩各種遊戲！」小碧家有張大桌、客廳也很寬敞，小朋友來這裡甚至可以展開全開圖紙開心畫畫。

至於**輪流做菜**，小碧也非常樂意，「如果只煮自己家的，大家通常都意興闌珊、隨意煮煮就好。不過一想到自己煮的一次就有四個家庭品嚐，就會認真設計菜色、做出來的菜可不能遜色。」重大節慶時，甚至就相約在其中一家一起吃大餐一起慶祝，假日則相約出門一起踏青爬山，從幼稚園持續到國小五、六年級，接近十年情誼，感情甚至比傳統大家庭來得融洽。

為了減少開車到校門口接送的車輛，並且也希望自己的孩子享受一起走路上學的樂趣，她們還決定**由家長輪流帶著中低年級的小學生走路去上學**。這個上學隊伍最多曾達到八戶，甚至必須要分成兩隊，由四戶家長輪流帶隊。

移居，尋找外環境與內環境的平衡

儘管在舊家結交到畢生的好友群，但隨著孩子長大、需要自己的房間，以及社區周邊環境越來越擁擠，在與老公討論後，還是在前年決定搬家。

「我們原本居住的社區，位於衛星城市市中心的車站旁。我們家位於最高樓層，樓層挑高、採光充足。我刻意設計假天窗、並規畫開放式的隔間，創造出 Lodge house 的空間感。我們大樓離市場、商家都非常近，既熱鬧又親民。當初我們就是中意這獨特的在地化特色，希望孩子成長的環境，是能夠接觸各階層各族群的人。」在這裡上學，同學的爸媽可能是賣菜、賣米或者水電師傅，不會清一色都是工程師及園區家長，孩子較能接觸多種行業的家庭。

1 主臥後方為更衣室，主臥只拆掉整面主臥電視牆，增加進出動線寬度，窗邊則將臥櫃五金零件更換，其他維持原狀。

2 小碧的舊家位於社區大樓最高樓層，刻意設計成Lodge House的空間特質，兼具採光與寬敞。社區與居家都很完美，可惜的是一踏出社區就是擁擠、違停充斥、沒有人行道的的馬路。

2

2

2

但是，隨著時間流轉，住宅周遭的矮厝陸續被其他建商相中，大樓一棟又一棟如雨後春筍搬拔地而起，居住人口也迅速倍增。於是，「**散步的痛苦指數**」年年提高，「孩子走路上學，沒有騎樓可走，每天溜我家柴柴也是，牠常被呼嘯而過的車嚇到，完全失去散步的興致。」

「若住家及大樓本身很完美，周遭環境卻越來越糟，久了還是會想搬離。若周遭環境很舒服，即使只是個簡單的家，也可以住很久。如同我現在的家，可以一直陪我到老後。」小碧這麼說。

1, 2 拆掉檯面，讓原有書桌及圖桌進駐，增加空間的使用彈性。

3 小碧對設計的堅持，在地性與公共生活，也呈現在這個家的翻修上。在地性即新舊融合、沿用部分舊裝修內容；公共生活則呈現在客餐廳的配置上。

4, 5, 6, 7 小碧主要工作包括建築、室內設計、社區環境專案等，可在家工作、也不受年齡限制。

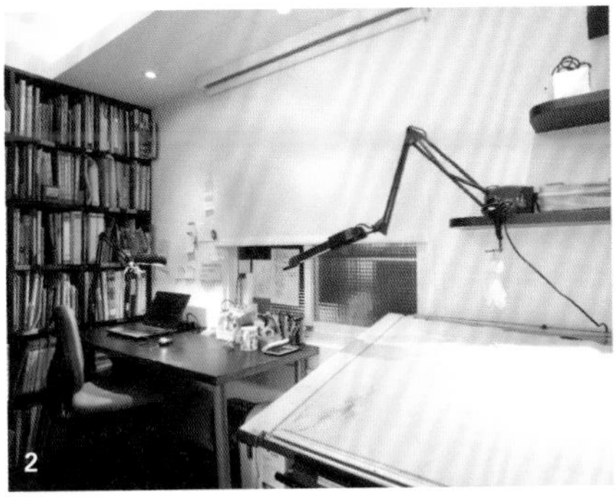
2

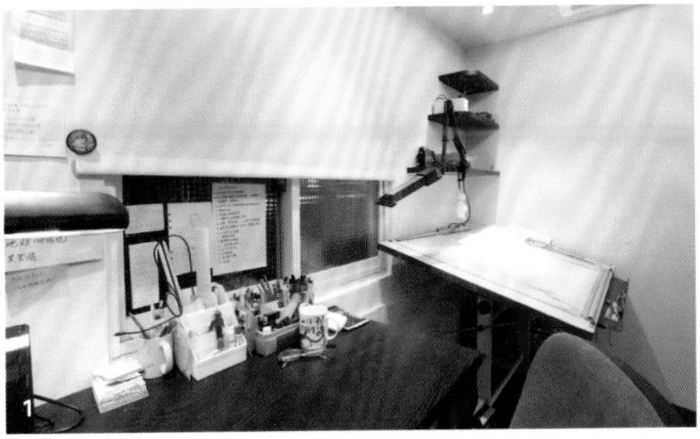
1

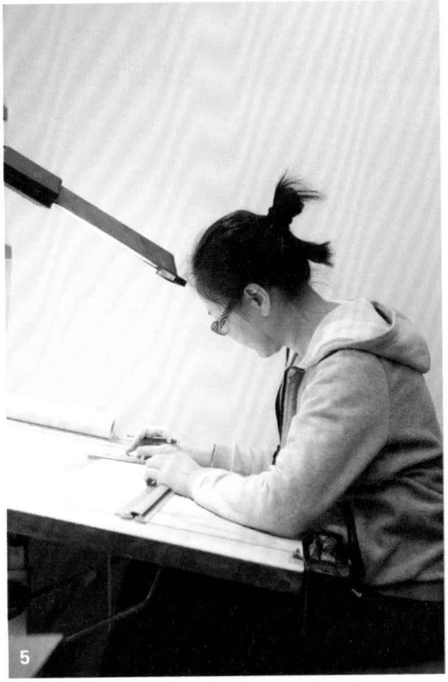
5

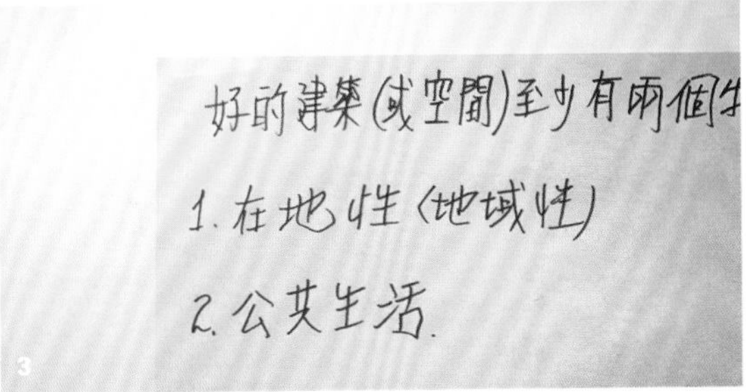
好的建築(或空間)至少有兩個
1. 在地性(地域性)
2. 公共生活.
3

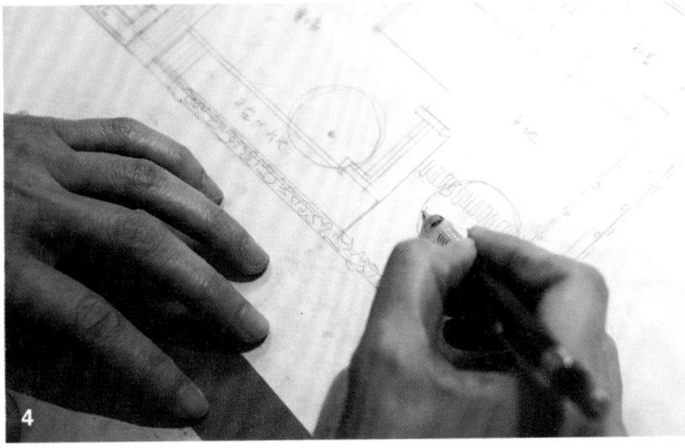
4

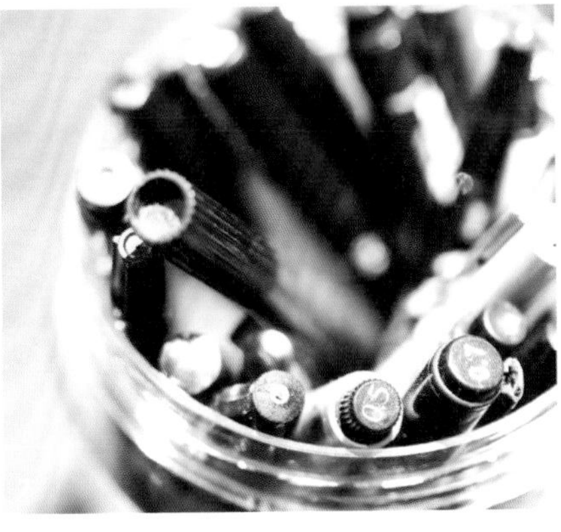

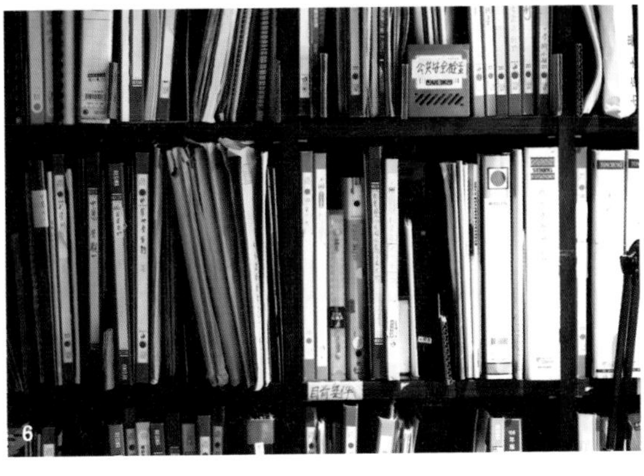
6

與死神擦身而過，
生活用減法、情感用加法的領悟

在拜訪小碧的前幾個月，她騎車發生碰撞、醒來時已經在救護車上，之後住院治療好幾天才出院。「我以前沒認真想過死亡這件事。我一直以為自己對事情不牽不掛、凡事盡人事聽天命就好。但在車禍撞上的那個片刻，我腦海裡面其實想好多，瞬間我想到我的爸媽、丈夫跟孩子……」講到這裡，小碧眼眶紅了，「車禍碰撞讓我下顎走位、開完刀之後才慢慢歸位，但是臉部的肌肉還是不太能自主。客廳有張我們全家在餐廳的合照，以前我看這張照片時，總覺得如果臉再瘦一點、下巴再尖一點，就會更好看。

但車禍之後，我看著那張照片，覺得那個時刻是再完美不過了！然後我看到旁邊其他

照片，覺得當時的**每一刻都是完美的**，頓時我才領悟到：包括現在及未來，其實只要能跟家人在一起，每一秒鐘都是完美！」

小碧的家用減法設計，她也沒有囤積物品的習慣。但她現在試著努力儲蓄美好的記憶、美好的情感。

「現在若孩子想要找我們聊天、傾訴些什麼，我都盡量讓她們講、親親抱抱她們。」小孩目前高中了，晚上通常躲在房間，但固定時間還是會出來討抱抱。「**我認為這是身體與情感記憶的儲蓄。擁抱、聊天、傾聽，都是**。當我很老或離開人世時，孩子至少擁有這些片段，讓她們永遠記得父母是愛著她們的。」這讓我想到，《可可夜總會》裡面，年老失智的可可，只要有人唱出爸爸為她創作的歌《Remember Me》，就會露出最單純天真的笑容。

情感儲蓄與金錢儲蓄並重

儲蓄的情感，當然也包括夫妻之間、長輩之間。夫妻倆開始重溫年輕相識時的約會時光。「孩子們現在校園活動多，我們週末變得空閒，卻又不想變成無趣的孤單老人，於是開始隨性出遊，譬如**搭上區間車，每站都下車走晃、欣賞小鎮風光**，單純無壓的小小旅行，也十分愉快。」小碧的爸媽目前住在桃園龜山，她也會每隔幾週或一個月就回家探望一次，「父母很健康，孩子順利成長，此刻的我們真的很幸福。」

小碧的工作是建築及室內設計，只要可以畫，這工作是可以做到老的。不過金錢的儲蓄對後半輩子也是不可或缺的。小碧說：「我們透過買房子強迫自己儲蓄，荷包最緊縮的時候，我曾經挑戰每個月只支出七千元，就可以滿足日常生活的飲食跟交通。」現在，房貸只剩下一間，而舊家的房租已足以滿足現在的花用，「目前孩子們還有一些補習費、學費要繳，加上房貸，我們一個月的支出至少要五、六萬。但等她們都大了，我們房貸也付清之後，一個月大概三、四萬就可以過得很不錯了！」

1 Before：兩間小孩房原本過度裝潢，因此決定拆掉所有櫃子跟天花板，只保留地板。

2, 3 小孩目前已到少女年紀，原有木作針對幼童規畫，收納玩具、童書等，對現任使用者已不適合，故決定所有木作全拆光。搭配活動家具、開放式及系統櫃、吸頂燈，讓房間回歸清爽寬敞，也讓孩子能夠展示自己的收藏。

4, 5 拆掉整面的深色衣櫃後，讓大女兒自行決定配置。念舊的大女兒沿用兒時雙層床，房門側的空間，一半放置衣櫃、另外一半則放置自己的書桌。

3

2

5

4

親子互助共享機制，嘗試套用於熟齡社區

小碧目前住十四戶的中小型社區，住戶平均年齡偏高，大多為退休或中年人士居住，有些孩子都已搬出，住戶們把這裡當做後半輩子要住的家，但住戶與住戶之間的氣氛仍保持在點頭之交，甚至連閒聊寒暄都不到的程度。

「這個社區人數不多，雖然也有管委會，但沒有室內公共空間可以互動。」每到區分所有權人會議，大家都是在地下室停車場站著開會。有次小碧因故無法參加，為彌補缺席遺憾，她特地跟社區對面的小餐廳包場，那次是住戶們第一次坐著、邊吃邊聊邊開會，氣氛也顯得自在悠閒許多。

「住戶大多為退休或管理階層人士，難免較拘謹，但教育水平跟價值觀是大致接近的。我目前也還在思考如何讓這個社區更有互動性，甚至可以成為朋友，讓大家既是鄰居、也是可以一起變老的夫婦朋友。」

選擇後半輩子的家，周遭的環境是否友善安全也是重點。

熟齡生活圈，需要舒適安全的步行尺度

國內 20、30 年以上城鎮，常見到新大樓穿插在街屋、老住宅區之間，這種零落散漫的規畫，並不適合熟齡與高齡生活。年輕的時候，也許我們可以輕鬆繞過路邊的違停車、路霸、突出的招牌等，但一旦受制於體力及反應速度，拿著拐杖、助行器，或者推著坐輪椅的老人家，就能夠深刻感受到步行者路權的重要性。一個城鎮住起來舒適與否，攸關當地居民是否可以透過步行的方式在住家附近活動。步行的尺度越適切，居民就越可透過行走來活絡在地的互動與經濟。

1 寬敞的人行道，提供舒適的散步尺度。也讓購物、休閒、在地居民互動更容易達成。

2 騎樓不順暢、馬路又有汽機車爭道，非常不利於行走，尤其需要用助行器或輪椅的老人家，更是寸步難行。

後半輩子最想住的家（暢銷人氣版）：

先做先贏！40 歲開始規畫，50 歲開心打造，好房子讓你笑著住到老

作者	林黛羚
手繪圖	林黛羚
攝影	王正毅
美術設計	羅心梅
協力編輯	蔡曉玲
校對	林黛羚、詹雅蘭、柯欣妤
責任編輯	詹雅蘭

總編輯	葛雅茜
副總編輯	詹雅蘭
主編	柯欣妤
業務發行	王綬晨、邱紹溢、劉文雅
行銷企劃	蔡佳妘

發行人	蘇拾平
出版	原點出版 Uni-Books
Email	uni-books@andbooks.com.tw 電話：（02）8913-1005　傳真：（02）8913-1056
發行	大雁出版基地 新北市新店區北新路三段 207-3 號 5 樓 www.andbooks.com.tw 24 小時傳真服務 （02）8913-1056 讀者服務信箱 Email: andbooks@andbooks.com.tw 劃撥帳號：19983379 戶名：大雁文化事業股份有限公司
ISBN	978-626-7338-79-7(平裝本)
ISBN	978-626-7338-78-0 (EPUB)
二版一刷	2024 年 2 月
定價	520 元

後半輩子最想住的家（暢銷人氣版）：先做先贏！40 歲開始規畫、50 歲開心打造，好房子讓你笑著住到老 / 林黛羚著 . -- 二版 . -- 新北市 : 原點出版 : 大雁文化 , 2024.02
272 面 ; 17x23 公分
ISBN 978-626-7338-79-7(平裝本)

1. 家庭佈置 2. 室內設計 3. 老年
422.5　　113001068

ProFX
MACKIE